滩海油田人工岛工程技术与管理

苏春梅 沙 秋 李 冰 等编著

石油工业出版社

内 容 提 要

本书介绍了滩海油田人工岛开发的特点和环境影响因素，系统总结了滩海油田人工岛的设计技术、施工技术、监测与检测技术、管理维护技术和弃置技术，重点介绍了抛石斜坡式人工岛、袋装砂斜坡式人工岛和对拉板桩结构人工岛三种结构形式，贯穿了滩海油田人工岛的规划建设和全生命周期管理。

本书可供从事人工岛设计、施工、监测、管理和研究的工程技术人员参考使用。

图书在版编目（CIP）数据

滩海油田人工岛工程技术与管理 / 苏春梅等编著 .
— 北京：石油工业出版社，2019.8
ISBN 978-7-5183-3465-0

Ⅰ . ①滩… Ⅱ . ①苏… Ⅲ . ①浅海海滩 – 海上油气田
– 技术管理 Ⅳ . ① TE5

中国版本图书馆 CIP 数据核字（2019）第 116847 号

出版发行：石油工业出版社
　　　　　（北京安定门外安华里 2 区 1 号　　100011）
　　　　　网　　址：www.petropub.com
　　　　　编辑部：（010）64523535　图书营销中心：（010）64523633
经　　销：全国新华书店
印　　刷：北京中石油彩色印刷有限责任公司

2019 年 8 月第 1 版　　2019 年 8 月第 1 次印刷
787×1092 毫米　开本：1/16　印张：13.5
字数：260 千字

定价：108.00 元

前　言

以人工岛为载体的半海半陆式和全陆式开发模式在滩浅海油田勘探开发中占有非常重要的地位。相对于钢制平台，人工岛在滩浅海油气田开发中具有建造成本低、建设周期短、施工机具可依托陆地、使用寿命长、作业空间大、抗冰能力强等优点，在滩浅海油气开发中发挥了重要作用。从 20 世纪 80 年代开始，国内滩海油田兴起了修建人工岛进行油气勘探开发的海油陆采模式。迄今，环渤海的辽河油田、冀东油田、大港油田和胜利油田已在滩海区域建成数十座人工岛，年油气生产当量超过百万吨，为国家带来了巨大的经济效益和良好的社会效益。

国内油田企业和相关科研、设计、施工等单位通过近 40 年的研究、探索与实践，在人工岛设施的工程设计、施工建设、检测监测与管理等方面积累了较为丰富的经验，取得了丰硕的成果，已具备设计、建造、维护等成熟的技术和经验，形成多项相关技术标准。为了总结多年来的技术成果和管理经验，便于从事滩海油田开发建设与生产管理的工程技术人员借鉴与参考，中国石油勘探与生产分公司苏春梅等相关人员，从中国石油滩海油田人工岛工程建设与管理的实际情况和工程经验出发，撰写了《滩海油田人工岛工程技术与管理》一书。本书共分为七章。第一章由苏春梅、沙秋、李志彪编写；第二章由焦志斌、苏春梅、牟永春编写；第三章由张文红、沙秋、李旭志、张虎平编写；第四章由李健、李海伟、谢燕春、张彦龙、杨冠川编写；第五章由张彦龙、颜芳蕤、张书红、苏春梅编写；第六章由丛建、焦志斌、万军、牟永春编写；第七章由郝晓东、杨莉娜、李冰、袁玉堂编写。全书由郝晓东统稿，由沙秋和李冰审定。

本书在编写过程中得到了中交上海航道勘察设计研究院有限公司、南京水利科学研究院、冀东油田、大港油田、辽河油田等单位的大力支持，在此一并致谢。

由于本书涉及技术领域广泛，笔者知识和经验有限，因此书中内容难免有不尽人意之处，敬请广大读者提出宝贵意见，共同促进滩海人工岛工程技术与管理水平的不断提高。

目　录

第一章

概　述

渤海海域面积 $7.7284 \times 10^4 km^2$，大陆海岸线长 2668km。渤海海域地势平坦、水深较浅，平均水深 18m，最大水深 85m，20m 以浅的海域面积占一半以上。渤海海域石油和天然气资源丰富，石油和天然气已探明资源量分别为 $54 \times 10^8 t$ 及 $400 \times 10^8 m^3$。目前，我国环渤海滩海油气田的开发集中在辽河、冀东、大港和胜利 4 家油田的滩浅海区域，大部分处于滩涂以及水深 10m 以浅海域。滩海油气资源经过近 50 年的勘探与开发，逐步探索出了适合滩海环境特点的油气开发模式，形成了滩海海工工程设计、建设以及运行管理等方面的技术和经验。

第一节　滩海油田开发方式

滩海处在一个特殊的地理环境中，即陆地和海洋的交接处，是潮上带、潮间带与浅海的总称，均属海岸带的一部分。潮上带是指大潮平均高潮线到特大潮水间的沼泽地带；潮间带是指潮水涨落的地带，即大潮高潮线与大潮低潮线之间的地带；浅海是指大潮低潮线以下的浅水区域，本书所介绍的滩浅海工程区域主要为海图水深不超过 10m 的范围。

渤海滩海区域，河流入海口较多，淤泥层厚、表层土承载力差且分布不均匀；海流冲刷严重；冬季结冰，近岸有堆积冰；潮差大、风暴潮频率高。潮间带受水深影响，海上交通不便利，施工困难，也不利于紧急状态下的逃生和救援。渤海滩海区域水产养殖区众多，环保要求严格。

针对滩海区域特殊环境特点，自 20 世纪 70 年代末以来，中国石油和中国石化开展了一系列的专题研究和技术攻关，形成了"海油陆采 + 全海式"的滩海油田开发模式，并进行了多种建设方案的实践，归纳起来，开发方式主要有三类。

一、以修筑海堤围堰式开发建设滩海油田

滩海油田开发建设初期，在滩涂和极浅海地区修筑封闭式的海堤围堰，以防海水、潮流的侵袭，减少对海洋环境的直接影响，造就一个陆地化的环境。辽河、大港和胜利等油

田都获得了较好的效果和成熟的经验。在总结修堤围堰的基础上，又开展了堤坝式进海路和低堤（漫水路）的研究，后者为顺潮向修筑不封闭的低堤直入海中，涨潮时淹没，退潮时露出低堤，在低堤两侧修筑砂石钻井平台，采用平台（人工岛）打丛式井，按陆上模式建设油田，从而大大节约了修筑的土石方工程量和基建投资。

二、以人工岛的方式开发建设滩海油田

对离岸较远的深水区域，则采取建立海上人工岛、移动式平台和固定式平台等结构进行钻井和采油作业。我国于 20 世纪 80 年代初开始人工岛的研究，1992 年建成我国第一座人工岛——张巨河人工岛。由于人工岛建造的面积较大，岛上可以布置几十口丛式井，并建设了油气水分离、计量及油气集输系统、注水系统等生产设施。张巨河人工岛的建成开创了我国用人工岛形式开发建设滩海油田的先例，对人工岛的建造、油田开发建设和生产运行管理方面积累了丰富经验。

三、以海洋简易平台开发建设滩（浅）海油田

我国在 20 世纪 80 年代末开展人工岛建设研究的同时，又开始了以中心平台为核心，周围布置卫星平台布局形式的研究和应用。卫星平台是一种固定采油平台，平台上可布置单井也可多井，即丛式井组，而中心平台是一种集生产、初级油气处理、储存、动力和生活辅助设施等功能齐全的综合平台。各卫星平台的油、气通过海底管线混输到中心平台上进行简单处理并储存，然后将原油通过海底输油管线从中心平台输送到岸上处理站处理、储存和外输。1993 年，胜利油田开始建设埕岛油田，在众多方案中选中了平台方案。当年建设、当年就生产原油 10×10^4 t，到 1998 年累计建成并投产各类平台 34 座，海底管线 27 条，为滩（浅）海油田开发建设较全面地积累了经验。

第二节 我国滩海油田人工岛建设的发展历程

20 世纪 70 年代后期，大港油田初试滩海，在海 1 井和海 2 井以平台方式进行钻井勘探。随后由于缺乏经验而导致平台被冰摧毁。

20 世纪 80 年代，滩海油田开发基本在潮间带以"围海造田，海油陆采"的方式建设，油田油气集输、处理以及配套的公用工程，基本上按照陆上油田的模式进行建设。

20 世纪 90 年代初，开始以进海路、人工岛、平台等的方式广泛应用于滩海油气田开发。

1996—2000 年，辽河油田海南、月东等滩海油田采用由岸向海造陆方式进行了成

功开发。采用边修路堤、边建平台、边打井的滩海油田全陆式开采方式,建设海岸道路6km、海滩海堤1.6km、4座平台。

2003年,大港油田庄海4×1进海路、人工岛建成,庄海油田生产井口全部集中在人工岛上,并在岛上建设了油、气、水分离处理装置,处理后原油、天然气利用沿进海路铺设的管道输送到陆岸油库。

2006—2010年,冀东南堡油田采用修建人工岛、进海路,进行海油陆采的工程模式。建成5座人工岛、2段进海路。

实践表明,在滩海区域采用人工岛开发油气资源具有以下优势:

(1)使海上油田开发陆地化,不需要购置海上钻井、试油及海上施工机具,可充分利用陆上钻采、试采、油田配套设备;

(2)有利于节省钻井和井下作业费用,大幅度降低生产运行成本,降低施工、运营安全风险;

(3)使用寿命长、对油藏储量覆盖范围大,在岛上作业受气候影响小,可全天候生产作业;

(4)在人工岛上可以实施钻井、修井、采油、集输等作业同时进行,加快了工作节奏,对油田后期开发而言,其调整扩展的灵活性更大。

第三节 滩海油田路岛工程技术

在滩涂地带进行石油勘探开发首先要解决人和设备的通行问题。在进行油气田的勘探开发及生产过程中,要修筑勘探路和生产路等路堤、井场以及进行站区的建设。早期进海路(或海堤)工程由于离岸较近,难度相对较小,一般都是堆土筑堤,草袋装土护坡和毛石护坡。施工方法简单,施工速度慢。由于没有较好的软基处理手段和较好的护坡方法,进海路因基础滑移、填筑材料流失、大风暴潮的侵袭等原因可遭受较大的损失。

多年来对涨潮为海、退潮为滩的特殊地区,为实现滩涂开发陆地化,开展了路堤结构、材料、施工技术及路堤的稳定、防护等一系列技术的研究,攻克了一些难关,并对进海路、堤遭受海潮、海流、海浪冲刷损害的防护方面探索出了一套"促淤保滩护堤"的有效措施。

辽河油田在沿海沼泽、滩地的海堤修筑和软基处理方面曾进行了专门研究,并利用辽东湾北部冬季寒冷这一有利条件,进行冬季冻土筑堤,来年春季融冰期经沉陷、预压后再铺筑路面,如笔架岭路堤、南井子区的进场路等都采用该法修筑。但由于利用冻土或山皮石筑堤的方法不能适应紧急勘探打井的需要,辽河油田还研究和应用了土工织物及竹筋格栅材料加固软基、竹筋编织袋围堰、钻井泵吹填海堤、塑料排水板排水、土工布处理路面表层等技术,以满足紧急打井的要求。

大港油田路堤建设始于 20 世纪 60 年代，早期常规的滩海路堤建设中主要采用素土填筑。软基处理由换土垫层至碎石过滤层，逐步过渡到土工布软基处理方法。采用草袋装土护坡、干砌毛石浆砌毛石、浆砌混凝土护坡结构。80 年代逐步采用毛石护坡和土工布倒滤层护坡结构。于 20 世纪 90 年代修筑的海堤底坡面采用干砌毛石、坡面中部为消浪柱、顶坡面采用毛石和钢筋混凝土栅栏板、堤肩为石砌防浪墙的防护结构。2000 年以后，采用对拉板桩技术修筑进海路。

冀东油田总结已有经验，结合海况特点，就地取材，为实现安全、经济、快速建设，采用了在曹妃甸港区已取得较好应用效果的袋装砂筑堤技术。

胜利滩海油田海油陆采采用的进海路和人工岛大多是采用就地取材和外运砂石料相结合的方式填筑。边坡采用固化灰土、复坡抛石、浆砌块石、蘑菇石相结合的护面形式，近几年采用钢筋混凝土栅栏板护面的结构形式，并用土工布作反滤层，应用效果较好，该结构具有抗浪能力强、节省石料、波浪爬高小及预制、运输和安装方便。

人工岛的建设一直是各滩海油田和研究单位十分关注的问题，我国人工岛的建设与研究最初都是围绕着浅海石油开发而展开的。各油田都根据自己的具体情况，提出和实施了不同的人工岛建设方案，常用的人工岛结构形式主要有砂石人工岛、沉箱式人工岛和板桩式人工岛。一般应用于海图水深 5m 以内的浅海海域砂石人工岛就是利用砂石抛填或吹填形成的人工岛，其结构形式、设计高程的确定可参照海堤设计。砂石人工岛是最简单的一种人工岛，它是在岛的周边用块石或沙袋先筑成稳定的围堰，然后往堤芯填筑沙子。这种人工岛要求砂石料的来源必须充足而且方便，一般多建在离岸近、水深较浅的滩海区，并一般与进海路相连接而形成人工端岛，施工时从岸边向海中推进。胜利油田的河口、桩西和孤东采油区的许多延伸到海上的井场则属于这种形式的小型人工岛。

沉箱式人工岛有混凝土结构和金属结构两种类型，由于可以陆上预制、海上安装，因而具有建设期短、施工方便、使用寿命长、填土量小和投资相对较低的特点。这种人工岛已建成两座：一座是大港油田于 1993 年建成的张巨河人工岛；另一座是辽河油田辽海葵花岛一号人工岛。

第四节　各阶段关注要点

一、设计阶段

在满足勘探开发工艺要求的前提下，人工岛选址与总体布置应结合地形地貌、水文泥沙动力、岸滩稳定性等因素，确保人工岛设计的经济合理与安全稳定，同时，减少人工岛对海洋环境的不利影响。在满足使用功能的前提下，人工岛平面布置应顺应波浪潮流等水文动力条件；采用海岸地貌、数值模拟、物理模型试验等技术手段，对区域海洋动力地貌及岸滩稳定性进行分析，对工程建成前后的冲淤幅度进行定性与定量分析。对于软土地基的人工岛，在地基处理设计时，软土的固结时间应与人工岛的建造工期相适应，避免运行期产生过大的沉降和位移。

二、施工建设阶段

受水深和潮汐的限制，海上有效施工时间短，适合滩海区域施工作业的施工设备欠缺，因此，要尽快形成陆域施工界面，减少潮汐的影响。为保证人工岛的安全、整体稳定或消除沉降、提高地基承载力，需对人工岛的原海床或岛心进行有效的地基处理，对施工的质量进行持续的监测、检测，充分利用地基变形观测数据，科学控制施工荷载加荷速率，保证人工岛结构的安全稳定。

三、运行阶段

人工岛在投入使用后，围堤和岛心往往会出现不均匀沉降现象，尤其在投产初期表现得最为明显。近海海域的风、浪、流、冰等动力因素常伴随在一起共同作用于人工岛，不可避免地影响着人工岛构筑物的安全稳定，对人工岛在运行期内可能出现的主要缺陷和产生原因要有深入的认识和了解。为及时发现人工岛潜在的风险和缺陷，保障人工岛结构设施安全稳定，巡检及监测必不可少。传统的管理方法无法对滩海构筑物的在役状态、风险等级进行量化评价，巡查和监测数据没有得到充分有效的利用，无法对构筑物的本质安全进行科学的评价，维护管理措施缺乏针对性。可借鉴完整性管理理念，对人工岛构筑物进行风险识别、风险量化评价，根据评价结果进行分级管理。

第二章
滩海自然环境

滩海自然环境是与滩海工程安全建设、安全运行、环境保护等密切相关的海洋环境因素，包括：气象学中的气温、气压、风；海洋水文中的波浪、海流、海啸、风暴潮、海冰；海岸地理地貌及海底地基的结构特征及力学性质，海底泥沙运移、海岸变迁等。

泥沙冲淤、地基土液化（软化）、海床及护坡结构失稳是影响滩海人工岛工程稳定的直接因素。风、浪、流等除直接作用人工岛结构外，还通过海底的泥沙运移、海底地形地貌变迁、砂土液化等对滩海人工岛结构产生作用。海底滑坡、泥流、地震、古河道等的存在都可能造成海床失稳，从而间接影响滩海人工岛结构稳定。

滩海人工岛的建设将产生新的人工岸线或改变海底地形，原有的平衡被打破，流场及波浪场改变，局部海床产生冲刷或淤积，导致地形地貌改变，反过来又影响流场及波浪场，进入新的平衡。在建立新平衡的过程中，所有因素将会发生改变，这种改变将不同程度影响滩海环境，严重时这些因素的共同作用会损坏甚至破坏人工岛设施。

大气、水体、海岸线、海底地形地貌、海底泥沙运移、地层及其界面上的相互影响与人工岛结构物相互作用组成了一个复杂系统。滩海自然环境相互影响关系如图2-1所示。

建在深厚软土基础上的滩海构筑物在吹填荷载及波浪荷载作用下会产生较大的沉降和侧向位移，基础变形直接影响护坡结构整体完整性，导致护面结构消能防浪功能下降或丧失，同时，影响人工岛上部结构的稳定性，过大的变形甚至会导致倾覆。

人工岛地基土的固结会导致边坡结构的异常变形，尤其在护坡结构与护底结构连接处，以及护坡结构与上部结构连接处，连接处的防护功能下降或丧失会导致护坡局部防护功能下降，进而影响整个人工岛工程安全。

作用于滩海结构物上的荷载，按其性质可以分为固定荷载和可变荷载。固定荷载指长期作用在结构物上的不变荷载或在一定水位条件下，作用于结构物上的不变荷载，如结构物自重、土压力、水压力、预加应力等；可变荷载包括使用荷载、环境荷载和施工荷载。作用在滩海结构物上且对护坡结构稳定性影响较大的环境荷载主要有波浪荷载、海流荷载、冰荷载及地震荷载。

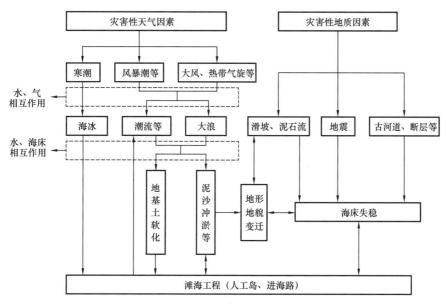

图 2-1 滩海自然环境相互影响关系示意图

第一节 渤海自然环境特点

我国已开发的滩海油气田主要分布在环渤海的滩海海域，本文主要介绍渤海滩海自然环境。

渤海地理位置位于 37°07′—41°00′N，117°35′—121°10′E 之间，是一个深入中国大陆的浅海，其北、西、南三面被辽宁省、河北省、天津市和山东省包围，仅有渤海海峡与黄海沟通相连[1]。渤海由辽东湾、渤海湾、莱州湾、渤中盆地和渤海海峡 5 部分组成（图 2-2），总面积约 7.8 × 10⁴km²。

辽东湾位于渤海北部，在长兴岛与秦皇岛连线以北，海底地形自湾顶及东西两侧向中央倾斜，且湾东侧较西侧深，最大水深 32m，位于湾口的中央部分。辽东湾湾顶与辽河下游冲积平原相连，水下地形平缓，沉积了由辽河带入海中的泥沙，湾顶为淤泥，其外侧为细粉砂，其东西两侧分别与千山山脉及燕山山地相邻，水下地形坡度较大。辽东湾东部有一狭长的水下谷地，与辽东半岛西海岸平行向西南延伸，长约 180km。

渤海湾地理范围为 38°00′—39°15′N，117°30′—118°50′E，北起冀东沿海的大清河口，南至老黄河口，东临渤海，西靠华北平原；西侧有海河、东南有黄河、东北界外有滦河入海，并分别形成海河现代三角洲、黄河水下三角洲和古滦河三角洲平原。

莱州湾以黄河三角洲与渤海湾相隔，海湾开阔，水下地形平缓单调。莱州湾的水深大部分在 10m 以内，最深处为 18m，位于海湾的西部。莱州湾在构造上为一个凹陷区，新生代沉积厚度达 8000m。

图 2-2　渤海湾地理位置

渤中盆地位于渤海三个海湾与渤海海峡之间，水深为 20～25m，是一个北窄南宽，近似三角形的盆地。盆地中部低洼，东北部稍高。从地貌上讲，渤中盆地是一个浅海堆积平原，中央盆地虽然处于渤海环境的宁静区，但它介于海峡与渤海湾之间，一支自海峡进入渤海的潮流使得入海物质沉淀后不断粗化，较细物质被潮流冲刷带走，而留下细砂，周围分布着粉砂。

渤海海峡位于辽东老铁山与山东蓬莱之间，宽 57n mile，庙岛群岛散布其中，使海峡分割为若干水道，以北部的老铁山水道为主。

一、地形

渤海是深入中国大陆的近封闭型的一个浅海，东面通过渤海海峡与北黄海相沟通，如图 2-3 所示[2]。渤海平均水深 18m，最大水深在渤海海峡老铁山水道附近，约 86m。渤海凸出的三个角分别对应于辽东湾、渤海湾、莱州湾。辽东湾的地形复杂，总的趋势为从湾顶及两岸向湾中倾斜，东侧较西侧略深。在距岸 20～30km 内，水深就降为 25m，等深线密集，有明显的岸坡。在湾中部，存在水深为 30m 左右的洼地。湾的东南有辽东浅滩。渤海湾是一个向西凹，呈弧状的浅水湾，海底地势也从湾顶向渤海中央倾斜，坡度为 01′02″。湾内水很浅，一般均在 20m 以内，湾的北侧，曹妃甸浅滩以南有一东南向的海槽，深度为 31m。莱州湾以黄河三角洲向海突出而与渤海湾分隔开，是一个向南凸呈弧状的浅海湾。湾内地势平坦，略向渤海中央倾斜，坡度为 0′27″，水深一般为 10～15m，最深处约 18m。渤海中央是一个北窄南宽，近于三角形的浅水洼地，地势平坦，东北部稍高，中部低下，水深 20～25m。注入渤海的河流，主要有黄河、海河、滦河和辽河等，其中黄河平均径流量占总量的一半左右，不过近年来黄河径流量持续下降，其中利津入海口的径流量由 1950 年的 $513.8 \times 10^8 \mathrm{m}^3/\mathrm{a}$ 降到了 2002 年的 $41.89 \times 10^8 \mathrm{m}^3/\mathrm{a}$。

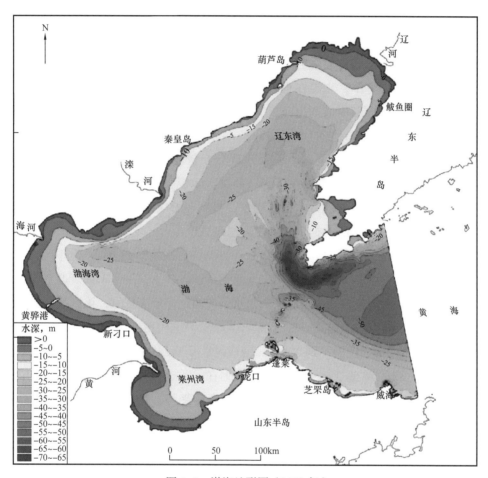

图 2-3　渤海地形图（2010 年）

二、气候

渤海海区受季风影响，冬季干寒而夏季湿暖。冬季，主要受亚洲大陆高压和阿留申低压活动的影响，多偏北风，平均风速 6～7m/s。1 月，6 级（10.8～13.8m/s）以上大风频率超过 20%。强偏北大风常伴随寒潮发生，风力可达 10 级（24.5～28.4m/s）；同时，气温剧降，间有大雪，是冬季主要灾害性天气。春季，受中国东南低压和西北太平洋高压活动的控制，多偏南风，平均风速 4～5m/s。夏季，大风多随台风和大陆出海气旋而产生，风力可达 10 级（24.5～28.4m/s）以上，且常有暴雨和风暴潮伴生，是夏季的主要灾害性天气。

渤海海峡是本海区内的大风带，风力通常比其他区域大 2 级左右。渤海气温变化具有明显的"大陆性"，1 月平均气温为 –2℃，4 月为 7～10℃，7 月为 25℃，10 月为 14～16℃，年较差达 27℃。平均年降水量为 500mm 左右，其中一半集中于 6—8 月。4—7 月多雾，尤以 7 月最多。平均每年有 20～24 个雾日，且东部多于西部。

三、温度和盐度[3]

渤海的温度和盐度分布有较强的季节变化特征。渤海的水温分布受周围陆地、水文和气候的影响十分显著。冬季，水温在垂直方向呈均匀分布；在水平方向上，等温线分布略与海岸线平行，自中部向四周逐渐递减；同时，因受黄海暖流余脉的影响，东部水温高于西部。1 月水温最低，三大海湾的水温均低于 –1℃，且于每年 1—2 月出现短期冰盖，此时深水区表面水温为 0～2℃。夏季，表面水温分布较均匀。8 月，莱州湾和渤海湾水温最高，沿岸区可达 28℃，而辽东湾东南部一些海区水温低于 24℃。表层水温的年变幅达 28℃左右。夏半年，出现明显的海水分层现象，特别在海峡附近的深水区，上层充满高温低盐水，下层为低温高盐水所占据，二者之间出现强跃层。

渤海海水盐度很低，年平均值仅 30.0‰，东部略高，平均约 31.0‰，近岸区只有 26.0‰左右。盐度的分布变化主要决定于渤海沿岸水系的消长。冬季，沿岸水系衰退，等盐线大致与海岸平行。同时，由于黄海暖流余脉的高盐水舌向西延伸范围扩大，该区盐度分布为东高西低。盐度的垂直分布像水温分布一样，呈均匀状态。夏季表层盐度随入海河川径流量的增加而降低。8 月海区中部盐度尚不到 30.0‰，河口区常低于 24.0‰。洪期，黄河中淡水则可及渤海中部，盐度仅 22.0‰左右，透明度不足 2m，但在此低盐水舌之下仍为高盐水所占据[4]。

近年的研究表明，渤海的温度和盐度都有升高的趋势，特别是盐度的升高较为明显。吴德星等分析了 1958 年与 2000 年夏季渤海大面调查资料，得出渤海的盐度分布结构发生了较显著的变化。渤海大部分海区盐度升高了 2.0‰以上，老黄河口外海表层的低盐区已由高盐区替代，盐度变化最大值达 10.0‰以上，2000 年，渤海的盐度已高于渤海海峡东侧北黄海的盐度，并且认为黄河入海流量持续锐减是导致渤海盐度升高的主导原因[5]。同时，渤海温度也有升高，方国洪等分析了渤海和北黄海西部沿岸 7 个海洋站 1965—1997年实测海洋表层水温和盐度长期变化趋势，指出 32 年期间海表温度年变率为 0.015℃ /a，由此推算得出 32 年升高 0.48℃；海表盐度年变率为 0.042‰，32 年升高 1.34‰[6]。

四、环流[3]

渤海是一个潮汐、潮流显著的海区，又是一个半封闭的内海，所以渤海的环流也很独特。渤海的余流很弱，在表层，一般在 3～15cm/s，最大也不超过 20cm/s，仅为渤海潮流最大值的 1/10 左右。渤海的环流弱而不稳定，受风的影响较大。

按照传统观点，渤海的环流由外海（暖流）流系和沿岸流组成。冬季，黄海暖流余脉在北黄海北部转向西伸，通过渤海海峡北部进入渤海。在渤海继续西进，当到达渤海西岸附近时，在那里遇海岸受阻而分为南、北两支。北支沿渤海西岸北上进入辽东湾，与那里的沿岸流构成右旋（顺时针）环流；但夏季的情况正好相反，进入渤海海峡北部的海流，在渤海海峡西北口便分支：一支继续西行；另一支沿辽东湾东岸北上，与辽东湾沿岸流相接，沿该湾西岸南下，构成辽东湾一逆时针环流。南支沿渤海西岸折南进入渤海湾，在渤海南部与沿岸流构成左旋环流，最后在渤海海峡南部流出渤海。

赵保仁等根据渤海石油平台等的测流资料指出，除夏季某些年份的个别月份外，辽东湾的环流是按顺时针方向流动的[7]。在渤海湾，全国海洋普查报告认为，外海高盐水常年沿着渤海湾北岸进入渤海湾，湾内的沿岸低盐水沿着渤海湾南岸流出渤海湾，湾内海流呈现逆时针式的回转。赵保仁等根据天津市海岸带调查资料，提出渤海湾的环流为双环结构，即该湾的东北部为逆时针向，西南部为顺时针向[7]。在莱州湾，海流受风的影响可能更大，流向多变。最早由管秉贤绘出该湾的冬季环流模式为顺时针。山东近海水文图集收集了1958—1985年间的渤海南部的余流资料[8]。除冬季余流资料稀少外，春、秋两季的余流均反映出莱州湾存在一个顺时针的环流。在此环流中，北部流速较强，尤其在黄河口附近，最大流速可达20cm/s，流向为东北；南部湾顶及东部流速较弱，一般为3~5cm/s。在莱州湾，存在一个顺时针环流，但环流位置，并不沿湾的四周及中央，而是偏于莱州湾的西半部。渤海的沿岸流主要为辽东湾沿岸流和渤海湾、莱州湾沿岸流。

五、潮汐和潮流

渤海具有独立的旋转潮波系统，其中半日潮波（M2）有两个，全日潮波（K1）有一个旋转系统；半日分潮的无潮点分别位于黄河口外和秦皇岛外海，全日分潮的无潮点位于渤海海峡，并且，半日分潮和全日分潮的同潮时线都绕着各自的无潮点作逆时针旋转。而且，半日分潮在渤海区占有绝对优势。

渤海海峡因处于全日分潮波"节点"的周围而成为正规半日潮区；秦皇岛外和黄河口外两个半日分潮波"节点"附近，各有一范围很小的不规则全日潮区。除此以外，其余区域均为不规则半日潮区。潮差为1~3m。沿岸平均潮差，以辽东湾顶为最大（2.7m），渤海湾顶次之（2.5m），秦皇岛附近最小（0.8m）。海峡区的平均潮差为2m左右。潮流以半日潮流为主，流速一般为50~100cm/s；最强潮流见于老铁山水道附近，达150~200cm/s；辽东湾次之，为100cm/s左右；最弱潮流区是莱州湾，流速为50cm/s左右。在近岸海区，潮流呈往复流，而在渤海中央海冬夏季环流特征及变异的初步研究区，潮流呈旋转流。图2-4为整个渤海的潮汐类型分布图[9]，图2-5为整个渤海的潮流类型分布图[9]。

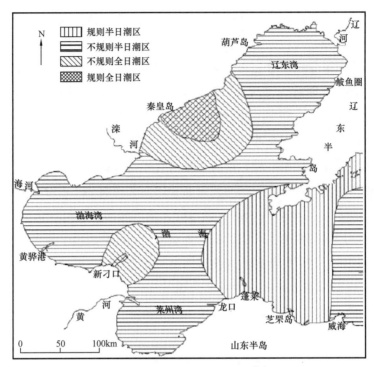

图 2-4 渤海潮汐类型分布[9]

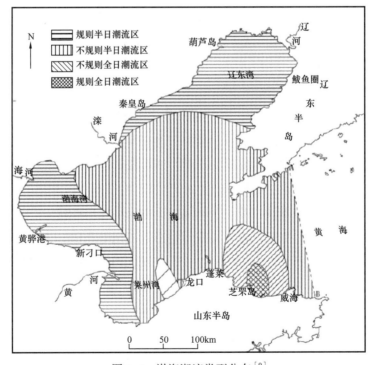

图 2-5 渤海潮流类型分布[9]

六、波浪 [10]

1. 波向分布

渤海四季（代表月）主要波向特征（表2-1）如下：

冬季（2月），渤海盛行北向浪。渤海北部海域，北向浪频率为21%，次常浪向为北东向，频率为16%；南部海域，北向浪频率为17%，次常浪向为南西向，频率为15%。

春季（5月），春季温带气旋活动比较频繁，风向不稳定，因此，渤海的浪向分布比较零乱。渤海偏南向浪迅速增加，偏南向浪频率大于偏北向浪频率，南向浪频率在20%以上。常浪向为南向，频率为20%（南部）和26%（北部）；次常浪向为南西向（北部）和西向（南部），频率分别为20%和14%。

夏季（8月），由于地形影响，渤海东南季风不太明显。渤海北部常浪向为南向，南部表现为南东向，频率分别为19%和18%；次常浪向为北向（北部）和北东向（南部），频率分别为16%和17%。

秋季（11月），渤海常浪向为西向，频率为21%；次常浪向为北向（北部）和南西向（南部），频率分别为19%和17%。

表2-1 渤海四季代表月常浪向

海区	波浪		2月	5月	8月	11月
渤海北部（39°N—41°N，120°E—122°E）	主	浪向	N	S	S	W
		频率，%	21	26	19	21
	次	浪向	NE	SW	N	N
		频率，%	16	20	16	19
渤海南部（37°N—39°N，119°E—121°E）	主	浪向	N	S	SE	W
		频率，%	17	20	18	21
	次	浪向	SW	W	NE	SW
		频率，%	15	14	17	17

图2-6至图2-10分别为辽东湾、渤海中部、渤海海峡、莱州湾和渤海湾累年有效波高分级分向玫瑰图。其中辽东湾常浪向为南南西向，频率为20%，强浪向为南南西向；渤海中部常浪向为南向，频率为12%，强浪向为北东向；渤海海峡常浪向为北北西向，频率为13%，强浪向为北北西向；莱州湾常浪向为南向，频率为13%，强浪向为北北东向；渤海湾常浪向为南向，频率为10%，强浪向为北东向。

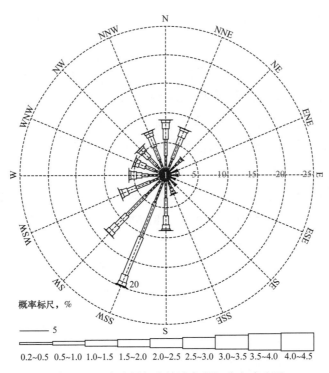

图 2-6　辽东湾累年有效波高分级分向玫瑰图

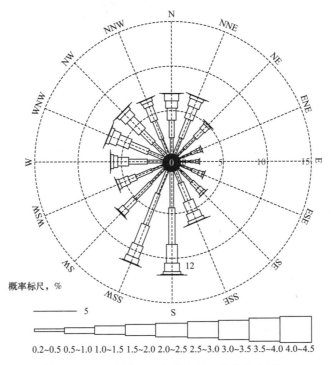

图 2-7　渤海中部累年有效波高分级分向玫瑰图

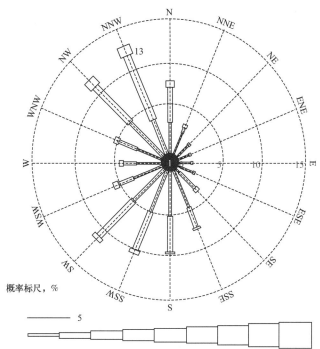

概率标尺，%

图 2-8　渤海海峡累年有效波高分级分向玫瑰图

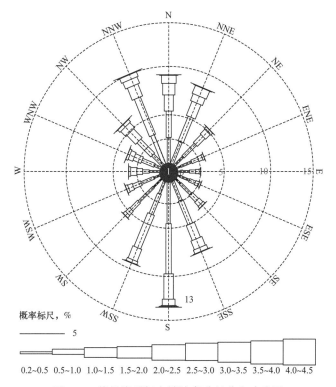

概率标尺，%

图 2-9　莱州湾累年有效波高分级分向玫瑰图

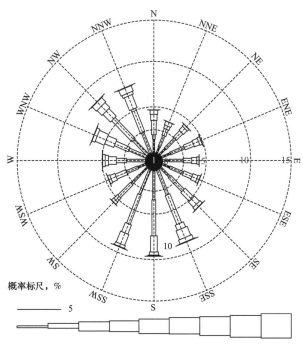

概率标尺，%

0.2~0.5 0.5~1.0 1.0~1.5 1.5~2.0 2.0~2.5 2.5~3.0 3.0~3.5 3.5~4.0 4.0~4.5

图 2-10　渤海湾累年有效波高分级分向玫瑰图

2. 波高和周期

冬季（2月）：冬季强冷空气的影响下通常伴随着大风天气，为全年最大的季节，波高分布由岸向海区中央，由西向东逐渐递增的。渤海三大湾口（辽东湾口、渤海湾口、莱州湾口）一带，风浪波高为1.1m。渤海中央及渤海海峡附近，风浪较大，波高为1.6m。平均周期为2.1~3.9s，其中辽东湾为3.5s，渤海湾为2.7s，渤海中央和渤海海峡的平均周期分别为3.6s和3.1s（图2-11）。

春季（5月）：温带气旋活动比较频繁，风向不稳定，波高是全年最小的季节，同时，偏南向浪迅速增加。渤海中部和北部海域出现一个1m的浪区，周期在1.4~3.2s，其中辽东湾、渤海中部海域的平均周期都为2.8s，渤海湾和渤海海峡分别为2.9s和3.1s（图2-12）。

夏季（8月）：该季节渤海海域的常浪向（偏南向）和次常浪向（偏北向）频率差别不大，波高的地域分布比较均匀，在渤海中部海域（38.5°N—39°N，119.5°E—120°E）出现一个1.2m的浪区；同时，与春季相比，1m有效波高的分布区域有所增大。平均周期在1.6~3.3s之间变化（图2-13）。

秋季（11月）：波高比夏季（8月）的明显增大。渤海中部靠近渤海海峡海域出现1.7m的大浪区，辽东湾、渤海湾为1.0m，渤海海峡为1.3m。渤海风浪周期在1.7~3.7s，其中辽东湾的为3.3s，渤海湾的为2.7s，渤海中部海域和渤海海峡的为3.1s（图2-14）。

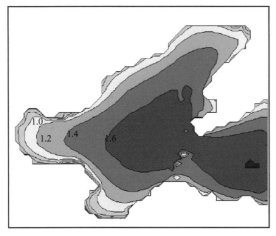

图 2-11　冬季（2 月）渤海的有效波高分布

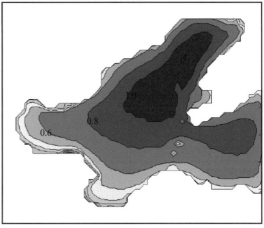

图 2-12　春季（5 月）渤海的有效波高分布

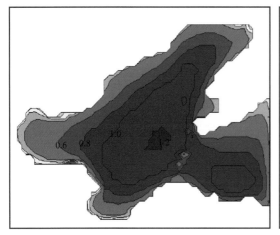

图 2-13　夏季（8 月）渤海的有效波高分布

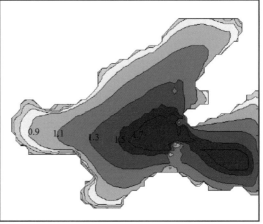

图 2-14　秋季（11 月）渤海的有效波高分布

第二节　风

风是由空气流动引起的一种自然现象，它由太阳辐射热引起。风力是指风吹到物体上所表现出的力量的大小。

风力等级简称风级，是风强度（风力）的一种表示方法。国际通用的风力等级是由英国人蒲福（Beaufort）于 1805 年拟定，故又称"蒲福风力等级"。最初根据风对炊烟、沙尘、地物、渔船、海浪等的影响大小分为 0～12 级，共 13 个等级。后又在原分级的基础上，增加了相应的风速界限。自 1946 年以来，风力等级又做了扩充，增加到 18 个等级（0～17 级）。

GB/T 19201—2006《热带气旋等级》采用蒲福风力等级表，见表 2-2。

表 2-2　风力等级表（蒲福风级表）

风力级数	名称	海面状况 海浪 一般 m	海面状况 海浪 最高 m	海岸船只征象	陆地地面征象	相当于空旷平地上标准高度 10m 处的风速 n mile/h	相当于空旷平地上标准高度 10m 处的风速 m/s	相当于空旷平地上标准高度 10m 处的风速 km/h
0	静风	—	—	静	静，烟直上	<1	0~0.2	<1
1	软风	0.1	0.1	平常渔船略觉摇动	烟能表示风向，但风向标不能动	1~3	0.3~1.5	1~5
2	轻风	0.2	0.3	渔船张帆时，每小时可随风移行 2~3km	人面感觉有风，树叶微响，风向标能转动	4~6	1.6~3.3	6~11
3	微风	0.6	1.0	渔船渐觉颠簸，每小时可随风移行 5~6km	树叶及微枝摇动不息，旌旗展开	7~10	3.4~5.4	12~19
4	和风	1.0	1.5	渔船满帆时，可使船身倾向一侧	能吹起地面灰尘和纸张，树的小枝摇动	11~16	5.5~7.9	20~28
5	清劲风	2.0	2.5	渔船缩帆（即收去帆之一部）	有叶的小树摇摆，内陆的水面有小波	17~21	8.0~10.7	29~38
6	强风	3.0	4.0	渔船加倍缩帆，捕鱼须注意风险	大树枝摇动，电线呼呼有声，举伞困难	22~27	10.8~13.8	39~49
7	疾风	4.0	5.5	渔船停泊港中，在海者下锚	全树摇动，迎风步行感觉不便	28~33	13.9~17.1	50~61
8	大风	5.5	7.5	进港的渔船皆停留不出	微枝折毁，人行向前感觉阻力甚大	34~40	17.2~20.7	62~74
9	烈风	7.0	10.0	汽船航行困难	建筑物有小损（烟囱顶部及平屋摇动）	41~47	20.8~24.4	75~88
10	狂风	9.0	12.5	汽船航行颇危险	陆上少见，见时可使树木拔起或使建筑物损坏严重	48~55	24.5~28.4	89~102
11	暴风	11.5	16.0	汽船遇之极危险	陆上很少见，有则必有广泛损坏	56~63	28.5~32.6	103~117
12	飓风	14.0	—	海浪滔天	陆上绝少见，摧毁力极大	64~71	32.7~36.9	118~133
13	—	—	—	—	—	72~80	37.0~41.4	134~149
14	—	—	—	—	—	81~89	41.5~46.1	150~166
15	—	—	—	—	—	90~99	46.2~50.9	167~183
16	—	—	—	—	—	100~108	51.0~56.0	184~201
17	—	—	—	—	—	109~118	56.1~61.2	202~220

风由风速和风向来表征[11]：

（1）风速，指规定观测时刻前 10min 的平均风速，以 m/s 计。

（2）风向，为规定观测时刻前 1min 到规定观测时刻为止所出现的风向的倾向，按照 16 方位表示。常把风的观测资料分别按季节、年度、多年统计绘制成各级风的风向频率图，称为风况图或风玫瑰图，如图 2-15 所示。从图中可以明确地看出某一级风所发生的风向和频率。

（3）最大风速与极大风速，各为某一期间中出现的平均风速中的最大值与瞬间变化风速的最大值。

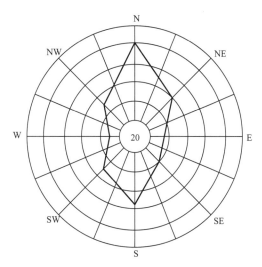

图 2-15 风玫瑰示意图

（4）常风向与强风向，各为在一定期间内，观测值中出现次数最多的风向与出现最大风速的风向。

第三节 波 浪

海面上产生波浪的原因很多，诸如风、大气压力变化、天体的引潮力和海底地震等，通常所说的波浪一般是指风作用于海面产生的风浪，由风力直接作用产生。

按照波浪形态，可分为规则波和不规则波。规则波的波形规则，具有明显的波峰和波谷，二维性质显著，离开风区后自由传播时的涌浪（风浪离开风吹的区域后所形成的波浪）接近于规则波。大洋中的风浪，波形杂乱，波高、波周期和波浪传播方向不定，空间上具有明显的三维性质，因此，这种波成为不规则波或随机波。风浪和涌浪同时存在，叠加形成的波浪成为混合浪。

不论风浪和涌浪，当它由深水区向浅水区传播时，因种种原因而产生变形，最后破碎。按照波浪破碎与否，分为破碎波、未破碎波和破后波。此外，根据波浪运动的动力学和动力学处理方法，还可以把波浪分为微幅波和有限振幅波两大类。有时微幅波也称为线性波，有限振幅波也称为非线性波。

按照波浪传播海域的水深，可分为深水波、有限水深波和浅水波。若海域水深足够深，水底不影响表面波浪运动时的波浪被称为深水波，否则为有限水深波或浅水波。一般按照 $h/L=1/2$ 作为划分深水波和有限水深波的界限（即 $h/L \geqslant 1/2$ 时为深水波，其中 h 为水深，L 为波长）；$h/L=1/20$ 作为有限水深波和浅水波界限，即有限水深波的范围为 $1/2 > h/L > 1/20$。

按照波浪运动状态分，可分为振荡波和推移波。波动中若水质点围绕其静止位置沿着某种固有轨迹做周期性的往复运动，质点经过一个周期后没有明显的向前推移，这种波浪称为震荡波。震荡波中若其波剖面对某一参考点做水平运动，波形不断向前推进，称为推进波。震荡波中若波剖面无水平运动，波形不再推进，只有上下震荡，则为立波。波动中若水质点只朝波浪传播方向运动，在任一时刻的任一断面上，沿水深的各质点具有几乎相同的速度，这种波浪称为推进波。

风浪具有非线性三维特征和明显的随机性，不易进行精确数学描述。但对于较为简单的二维平面波，迄今已有许多不同理论来描述其运动特性，其中以 Airy（1845）提出的微幅波理论和 Stokes（1847）提出的有限振幅波理论最为著名。对于浅水区，Korteweg 和 DeVries（1895）提出了椭圆余弦波理论，它能够很好地描述浅水条件下的波浪形态和运动特性。Rusell（1834）发现了孤立波的存在，这种波可视为椭圆余弦波的一种极限情况，在近岸浅水中，应用孤立波理论可获得满意的波浪运动的描述，因而被广泛应用。

在深水形成及发展的风浪，离开风区后在海洋中继续传播，传播中由于弥散和能量损失，其频率范围和能量不断变化，随着传播距离增大，风浪继续转化为涌浪，两者的主要区别是风浪的频谱范围广，而涌浪的频谱范围窄得多，其波形接近于简谐波。涌浪传到近岸区以后，受海底地形、水深变浅、沿岸水流、港口及海岸建筑物等的影响，波浪产生变形、折射、绕射、反射等；因底部摩阻，产生波能衰减；当波浪变陡或水深减少到一定限度后，产生破碎。

波浪的浅水变形开始于波浪第一次"触底"的时候，这时的水深约为波长的一半。随着水深的减小，波长和波速逐渐减小，波高逐渐增大，当深度减小到一定程度时，出现各种形式的波浪破碎。波浪进入浅水区后，波高会产生变化。波浪在传播中遇到障碍物如防波堤、岛屿或大型墩柱时，可能在障碍物前产生波浪的反射。

波浪破碎时，由于波浪在发展和传播过程中局部能量过大使波浪运动难以继续维持而发生的运动不再连续的现象，在深海和浅海中都有可能发生。浅海区波浪破碎时，将因波陡和海滩坡度的不同而出现不同的破波形态，通常分为崩破波、卷破波和激破波 3 种形态。

外海波浪传入近岸浅水地区时，受多种因素的影响，将产生一系列复杂的变化：由于地形变化的影响，将产生折射及浅水变形现象；遇到岛屿、防波堤等障碍物时，波浪能绕过障碍物，传播至受障碍物掩护的水域，产生波浪绕射现象。在确定深水波浪要素后，可采用波浪折射、绕射联合计算的高阶非线性抛物型方程数学模型模拟波浪由外海向工程区的传播，得出工程附近大范围水域的波浪场。研究工程海域波浪传播变形规律，提出工程设计波要素，为海床稳定性和岸滩演变分析、物理模型试验提供边界条件和参数。

波浪对构筑物的影响分为直接作用和间接作用，主要表现在以下 3 个方面：

（1）波浪直接作用在构筑物上，在其上产生波浪力。

（2）在波浪等往复荷载作用下，海底土层受到扰动，土层中孔隙水压力上升，有效应力下降，导致海床土体的抗剪强度大幅度降低甚至土体的液化，从而使滩海构筑物受到较大影响。

（3）波浪掀沙作用。海底泥沙在波浪和潮流共同作用下迁移，致使整个场地的地形地貌发生变化，从而影响周边海床的稳定性。

一、波浪对滩海构筑物的直接作用

滩海构筑物所受的波浪荷载，是构筑物设计的控制荷载之一，它对工程造价、安全度及使用寿命起着非常重要的作用。

波浪对构筑物作用力的特性不仅取决于所处海域的波浪参数（波高、周期）及水深等，而且与构筑物的形式有关。对于直墙式构筑物（码头结构），波浪因墙面反射而出现驻波或破碎波；斜坡式构筑物前的波浪必然在斜坡上发生破碎，对斜面造成强烈的冲击作用，所以要采用人工异形块体作为护面材料。

二、波浪作用下海底土层的弱化

在波浪荷载作用下，海洋地基土的弱化是一个复杂的动态过程。经典土力学的观点认为，地基承载力的降低和土体失稳是荷载作用下孔隙水压力上升、有效应力减小的结果，但该观点未考虑在长期振动作用下，土体内部各组成成分及各成分之间相互作用的力学性状发生了变化。

长期振动作用下土体强度的弱化，仅用孔隙水压力的理论已不能得到充分解释。这种弱化作用应从两方面来分析：宏观方面，土体强度的减小是孔隙水压力增加，有效应力减小的结果；微观方面，土体强度的减小是土体内部结构长期受振动荷载作用发生破坏的结果。在波浪荷载等动剪应力的反复作用下，软黏土颗粒之间很容易因错动或滑动而形成剪切面，造成内摩阻力减小；同时，软黏土受振动后，不仅胶结物受到破坏，而且黏着水膜中定向水分子的活动性增加，使部分牢固黏着水变成疏松黏着水，部分疏松黏着水变成自由水，从而使土颗粒之间通过黏着水膜形成的这部分黏聚力减小。由于内摩阻力和黏聚力减小，土体的抗剪强度降低，当循环荷载作用到一定程度，土体就完全软化，失去承载力。

三、波浪掀沙作用

波浪传播过程中，波浪水质点的运动与海底面接触，波浪破碎，其能量得以消耗；同时，海底泥沙被卷入海水中，在海流作用下发生迁移，从而改变海底的地形地貌。滩海中的泥沙悬浮和运移是波与潮流共同作用的结果。

波浪引起的海床变形和稳定性问题已经成为滩海工程设计中必须考虑的重大问题，因此，对于人工岛工程，研究海床在波浪作用下的稳定性问题具有重要的理论意义和现实意义。波浪数学模型和波浪物理模型是目前最有效的研究手段。

随着电子计算机性能的不断提高，计算方法的不断进步，促进了波浪数值模拟技术的研究和应用。不断地研究并采用波浪数学模型进行近海波浪的预报和后报，同时，不断地发展和研究新的波浪数学模型或开发其不同的应用途径。目前，平面二维波浪模型的理论不断向前发展和完善，同时，不少成熟的模型也在工程上应用，并形成了 Mike[21]、HISWA、SWAN、CGWAVE 和 HARBD 等软件包。

垂向二维波浪模型刚刚开始应用于一些简单的工程实例，但这类模型的研究很广泛，如波浪爬高、波浪破碎、波浪对结构物的作用、波浪对护面块体的作用，波浪作用下底质砂土的液化，开孔结构物中局部流场等，这方面的软件包有 NEWFLUME 和 SKYLLA。

三维波浪模型的研究受计算机容量和速度的限制起步最晚，目前已经起步，但随着计算方法和模拟技术水平的提高，虽刚刚起步但其研究的起点高，许多研究者直接就采用计算流体力学中很先进的模拟技术——大涡模拟进行三维的波浪数值模拟研究。从数值求解的方法上看，波浪数值模型多采用有限差分法、有限元法和边界元法。从波浪模型的理论上看，主要是基于 N–S 方程和势流理论的模型，平面二维波浪模型也有基于波能平衡方程的模型。

目前，抛物型方程数学模型计算效率高，适用于大范围波浪折射、绕射的联合计算。改进的适用于方向谱的不规则高阶抛物型方程数学模型允许较大范围的波向变化，且考虑了底摩擦导致的波能损耗、风能输入导致的波高增长和波浪非线性的影响，计算结果更加合理，计算效率更高。

波浪物理模型试验是解决近海工程问题的重要手段，大体上可分为断面模型试验和整体模型试验，分别研究构筑物局部断面和整体在不同重现期波浪作用下的稳定性。主要解决港域泊稳条件、水工建筑物稳定以及上水越浪等问题。南堡油田 NP1–1D、NP1–2D、NP1–3D、NP4–1D 和 NP4–2D，辽东湾海南 8 人工岛，埕海 1–1 人工岛和埕海 2–2 人工岛等都进行了波浪断面物理模型试验或整体物理模型试验，试验成果为工程设计提供了依据。

第四节　风　暴　潮

风暴潮指由强烈的大气扰动所引起的海面异常升高现象。在离岸大风强烈作用下，沿岸水位会产生异常下降，有人称为负风暴潮。一般风暴潮往往指前者。由水位谱观点来看，风暴潮周期为 $10^3 \sim 10^6$s，即 $1 \sim 100$h，介于低频天文潮和地震海啸周期之间。

风暴潮主要是由大风和高潮水位共同引起的。发生原因首先是沿岸有大风，海洋上形成的大风，主要有台风和温带气旋。台风发生在热带海洋上，它的破坏性很强，称为热带气旋，在大西洋和东北太平洋等地区称为飓风。温带气旋引发的风暴潮也比较常见。

风暴潮可分为台风风暴潮和温带风暴潮两大类。台风风暴潮常发生在夏秋季节，其风暴潮位变化剧烈，其波及范围比较广泛。温带风暴潮主要由温带气旋及寒潮大风所引起，多发生在冬春季。在我国成灾范围限于长江口以北的黄海、渤海沿岸区域，其中对莱州湾和渤海湾沿岸影响尤为严重。

典型的风暴移动方向可分为：

（1）登陆风暴。路径由海向陆，正交于平直海岸，此时最大风暴潮出现在登陆时刻。

（2）沿岸移动风暴。风暴所产生的沿岸最大风暴潮剖面将以风暴的移动速度沿岸线移动，如果风暴特征参数及沿风暴路径水深不变，则最大风暴高度的包络线为一条不变的直线。

（3）转向风暴。所引起的风暴潮的高度包络线兼有以上两种类型风暴的一些特征。

当风暴潮与天文大潮叠加时，会导致区域水位暴涨，危害人员及工程安全。在渤海海域，由寒潮或冷空气所引起的风暴潮比较独特，多发生在秋冬或冬春过渡季节。目前，通常采用实测潮位减去正常天文潮预报值的办法来计算风暴潮位。但由于水动力方程中的非线性项能使潮波与风暴潮产生相互作用，两者并非严格的线性叠加，所以只有当两者非线性作用不强时，常用线性分离法才能获得较好结果。

第五节 潮汐和潮流

地球上的海水，受月球和太阳作用所产生的一种周期性的运动现象，包括海面周期性的垂直涨落运动和海水周期性的水平进退运动，习惯上前者称为潮汐，后者称为潮流。

一、潮汐

产生潮汐现象的主要原因是由于地球各点离月球和太阳的相对位置不同，所受到的引力有所差异，从而导致地球上海水的相对运动，这种引力差称为引潮力，而其引起的海面升降称为天文潮。

潮汐升降每一周期中，当海面升至最高时称为高潮，而降至最低时称为低潮。从低潮到高潮，海面的逐渐升高过程称为涨潮，所经历的时间称为涨潮历时；从高潮到低潮，海面的逐渐下降过程称为落潮，所经历的时间称为落潮历时。当潮汐达到高潮时，海面暂停升降，称为平潮。而在低潮时，海面暂停升降的现象称为停潮或平潮。

相邻的高潮与低潮水位高度差称为潮差。潮差是逐日变化的，主要与月相有关。在朔、望后二三日，由于月球引起的潮和太阳引起的潮叠加，达半个月中的潮差最大值，称为大潮；上弦和下弦后二三日的潮差最小，称为小潮。

潮高是从潮高基准面算起，潮高基准面一般就是海图深度基准面。由于海图上所载水深只是深度基准面以下的深度，故海水实际深度须由海图所载水深和当时当地的潮高相加而得。潮位高度的多年平均值称为平均海面，是大陆高程的起算点。

潮汐现象非常复杂，可分为3种基本类型：半日潮型、全日潮型和混合潮型。半日潮型：一个太阴日内出现两次高潮和两次低潮，前一次高潮和低潮的潮差与后一次高潮和低潮的潮差大致相同，涨潮过程和落潮过程的时间也几乎相等（6h12.5min）。我国渤海、东海和黄海的多数地点为半日潮型。全日潮型：一个太阴日内只有一次高潮和一次低潮。如南海汕头和渤海秦皇岛等。混合潮型：一月内有些日子出现两次高潮和两次低潮，但两次高潮和低潮的潮差相差较大，涨潮过程和落潮过程的时间也不等；而另一些日子则出现一次高潮和一次低潮。我国南海多数地点属混合潮型。

从各地的潮汐观测曲线可以看出，无论是涨潮、落潮时，还是潮高、潮差都呈现出周期性的变化，根据潮汐涨落的周期和潮差的情况，可以把潮汐大体分为4种类型：正规半日潮，在一个太阴日（约24h50min）内，有两次高潮和两次低潮，从高潮到低潮和从低潮到高潮的潮差几乎相等，这类潮汐就叫作正规半日潮；不正规半日潮，在一个朔望月中的大多数日子里，每个太阴日内一般可有两次高潮和两次低潮，但有少数日子（当月赤纬较大的时候），第二次高潮很小，半日潮特征就不显著，这类潮汐就叫做不正规半日潮；正规日潮，在一个太阴日内只有一次高潮和一次低潮，这样的一种潮汐就叫作正规日潮，或称正规全日潮；不正规日潮：这类潮汐在一个朔望月中的大多数日子里具有日潮型的特征，但有少数日子（当月赤纬接近零的时候）则具有半日潮的特征。

二、潮流

通常所称的海流，是一种综合性流，即各种类型海流的合成运动。滩海海流以潮流为主。

潮流是海流的一种形式，是指由于潮汐作用，在沿岸地形作用下，潮涨、潮落形成明显的海水流动。潮流的一些基本特性与潮汐现象相似，但是潮流更多的受地形、海底摩擦及地球自转的影响，使潮流现象显得更加复杂。

潮流是滩海环境中沉积物搬运作用的主要动力，它对表层土颗粒作用极为明显，一方面使颗粒悬浮，另一方面对海底土层产生剪应力。由于滩海处于岸边，形成沿岸海流和涨落潮流。在强潮流作用下，海水发生流动，同时，带走海底泥沙及海浪从海底卷起的泥沙。根据不同的地形地貌，海底有些地方形成冲刷，有些地方发生淤积。而滩海构筑物的出现，导致周边流场发生变化，水动力的侵蚀可能使构筑物周边泥沙迁移，造成构筑物周边水深增大，形成以构筑物为中心的"盆"状海底凹坑地形形态，并由此产生一系列影响安全生产的工程问题。

三、潮流对人工岛工程的作用

1. 波流共同作用下泥沙冲淤及地形地貌变迁

相对稳定的海岸，海底泥沙处于冲淤相对平衡状态。但遇到大风浪时，风浪和潮流合成作用，平衡状态被破坏，泥沙被掀起成为悬沙。风停后，水体紊动强度逐渐减弱，海流挟沙能力减小，超饱和悬沙沉降，含沙量逐渐减小，直到海底泥沙再次形成某种冲淤相对平衡状态为止。

波流共同作用使人工岛原滩面受到不同程度的冲蚀和淤积，而人工岛地基稳定性与该区冲蚀深度有着密不可分的关系。当冲刷深度达到一定程度后，不仅构筑物可能发生倾斜、倒塌，造成损毁，而且影响周边海底地形的变化，形成与构筑物和复杂海洋水动力的动态联动耦合作用。

（1）冲刷机理。

海底泥沙在等流速作用下能维持平衡状态。但人工岛及进海路等滩海工程的存在，改变了区域的流场，局部地区或较宽范围内的岸滩剖面与外力之间的平衡受到破坏。当波浪、潮流等通过构筑物时，在迎流面上产生一个压力梯度，其压力由上而下逐渐减小，压力的大小与速度的平方成正比，在构筑物表面形成一个流向底面的二次流，使底面流的剪切压力增强。当作用在海床上的剪切力大到足以带动泥沙颗粒运动时，便会产生冲蚀。

（2）泥沙淤积。

引起滩海人工岛周边泥沙淤积的原因很多，主要有水动力因素（包括波浪和潮流等）、泥沙因素（包括泥沙组成、含沙量大小等）和工程环境因素，即建造工程后是否破坏了原来海岸的泥沙运动平衡。

三个因素相互关联，实际工程中泥沙淤积的强弱是这 3 个因素的综合体现。如水流含沙量高，一般淤积会较大。

（3）波浪和潮流共同作用下的泥沙起动。

海底泥沙在波浪和海流作用下可发生运动。泥沙运动常常发生在沙质海岸和淤泥质海岸。泥沙颗粒的中值粒径大于 0.05mm 的海岸为沙质海岸；中值粒径小于 0.05mm 的海岸为淤泥质海岸。

2. 潮位变动对构筑物稳定性的影响

潮位日变幅大、潮差变化过程复杂条件下，其结构和受力往往难以定量甚至定性分析，因而也难以控制；另外，风暴潮与波浪的作用，也使得堤基渗透变形的发生过程难以准确判别，由于堤基渗透变形过程的复杂性，理论上的渗透变形判别与实际发生有一定出入。

潮位变动引起海平面周期性的升降变化：一方面使得部分滩海构筑物土体处于长期的

饱和—非饱和周期变化状态，其强度指标随着时间的增长逐步降低，从而影响构筑物的稳定性；另一方面，随着涨潮落潮，作用在海底土层上的荷载随之变化，荷载的变化将引起超静孔隙水压力的明显升高，孔压不断累积，超过上覆土层自重应力时将使土体破坏。潮位变动对人工岛工程稳定性的影响主要表现在不同水位条件下人工岛及进海路的边坡稳定性以及对护坡和护脚的冲刷。

3.人工岛对潮流流向和流速的影响

人工岛建成以后，将打破滩海海岸、海底泥沙运移的平衡，形成新的人工岸线和海底地形。在建立新平衡的过程中将使波浪场、流场发生变化，可能会在海底的某些地方产生冲刷，某些地方产生淤积，进而使整个滩海环境发生变化，对构筑物的安全造成直接或间接影响。因此，研究构筑物对潮流流向、流速的影响，需要研究新的岸线形成后构筑物附近局部流场流向以及涨潮、落潮流向的变化情况，目前，常使用原型观测、物理模型和数学模型3种方法来进行研究。

原型观测所得结果经常用于检验物理模型和数学模型计算结果的准确性和适用性。物理模型方法中，通过构筑物局部冲刷试验来研究海底流速、泥沙起动流速、冲刷深度等，从而进行冲刷机理分析。数学模型计算是建立在水动力和其他因素合理模拟的基础上。

潮流数值模拟随着电子计算机和数值计算方法的发展和实际问题的研究需要而发展，目前已出现了各种各样的数值模拟方法。对二维模拟，按差分网格形状划分，有三角形、正方形、矩形、多边形、曲线坐标网格以及各种形状网格的组合等。按计算方法分，有显式法、半隐半显法、隐式法等。对三维数值模拟而言，计算方法有分层二维法、谱方法、流速分解法、坐标变换法等。

潮流物理模型可研究潮流作用下，人工岛工程建成后水流变化及冲淤情况，研究工程实施后对周边环境的影响；通过波流共同作用下的物理模型试验，可研究人工岛工程建成后工程区附近冲淤变化情况，人工岛工程冲刷防护情况，人工岛稳定性及防冲措施。

南堡油田NP1-1D、NP1-2D、NP1-3D、NP4-1D和NP4-2D等都进行了潮流或波流物理模型试验，试验成果为工程设计提供了依据。

第六节 海 冰

高纬度海区存在海水结冰现象，渤海湾和辽东湾处于结冰海域，重冰年时海冰可封锁海湾和航道，毁坏过往船舶，摧垮海上构筑物，带来严重的海上灾难。

海冰作为海洋与大气相互作用的媒介，其形成机理及对构筑物的作用过程，都依赖于工程所处的地理位置及海冰生成的海洋环境条件。同时，由于海冰的产生，使复杂多变的海洋环境又增加了冰动力学、冰物理学以及与海洋工程设计相关的许多工程海冰的设计问题，故工程区冰情轻重将直接影响海上油气资源的勘探开发和利用。

一、海冰概况

冰期是指初冰日至终冰日之间的日期，初冰日为每年第一次出现海冰的日期，终冰日为每年海冰最后消失的日期。通常把冰期分为初冰期、盛冰期和终冰期 3 个阶段。

初冰期是指初冰日至盛冰日之间的日期。盛冰期是指盛冰日至融冰日之间的日期。终冰期指融冰日至终盛冰日之间的日期。

冰区是指有海冰的海区，为区分冰情的区域性差别，又把冰区划分为流冰区、平整冰区、海冰堆积区，冰区范围大小与冰情轻重有关。

重冰年的冰厚是计算冰破坏力的重要参数，特别是由海冰控制海工构筑物破坏力的外荷载的海区，其 50 年一遇至 100 年一遇的设计冰厚是关注的重点。

二、海冰对海工构筑物的作用

在海洋工程设计中，海冰是海洋环境条件中的控制荷载之一。在近岸的浅水区（海图水深小于 5m），由于水浅、潮差大、滩涂广阔等特征，海冰的自身及其与外部环境的作用表现更加突出。

海冰给海工构筑物的设计施工以及运营带来许多障碍。冰排在风和流的拖曳下不断沿海岸流冰带运动。当遇到不同的结构阻挡时，冰排将产生不同的堆积及爬升方式。对海工直立构筑物（海洋平台的桩基础，码头等）和斜坡式构筑物（人工岛、防波堤等），海冰的作用机理不同。

海冰与结构物的相互作用是一个极为复杂、随机的作用过程，各种作用形式共存，海冰的破坏方式为挤压破坏、冲击破坏、剪切破坏和弯曲破坏等多种破坏形式的综合。大量的海冰基础实验说明，海冰是一种抗压不抗弯的近脆性材料，因此在工程设计过程中可充分利用这一性质。

1. 海冰对海工直立构筑物的作用

海冰对海上构筑物及船舶的破坏是多种破坏形式的综合结果，它们与冰性质、冰与构筑物的接触方式和建筑材料在低温下的性能等分不开。冰与垂直构筑物相互作用的主要破坏模式包括：挤压、屈曲、弯曲、剪切及断裂等。冰的特性与形态的多样性使冰与直立构筑物作用的破坏模式错综复杂，对于宽体的垂直结构更是如此，几种破坏模式可能同时存在。

2.海冰对斜坡式构筑物的作用

海冰与斜坡式构筑物相互作用的过程是一个复杂的力学过程，有许多冰力成分起作用，包括冰排的弯曲与挤压破坏，促使冰块旋转与运移的冰力成分、重力与浮力及冰板沿锥面的上滑力等。它们在不同的时间段内间歇的运动，在时空内给斜坡式构筑物施予总的冰荷载。

在结冰区，尤其在冰初期和融冰期，由于没有稳定的冰盖形成，浮冰在风和流的作用下，触底后沿坡面克服摩擦力和下滑力上爬并伴有较大位置的侧移，这种现象称为冰的爬坡。冰爬坡时，冰块受自身重力作用不断发生断裂，使坡面产生非光滑的不连续；后面的冰不断沿其表面继续上爬，浮冰在垂直方向发展便形成了冰的堆积。

在我国渤海浅滩区，海冰爬坡与堆积是一种常见的现象，若在坡面上没有采取相应的防护措施，可对近海固定结构的安全构成严重威胁。一般来说，海冰与构筑物间的摩擦系数不是很大，爬坡对构筑物表面造成的损伤不大，但来自浅海沿岸的流冰因底部冻结了大量的砂石，摩擦系数显著增加，导致冰爬坡对构筑物的破坏作用增大。

海冰对海上结构危害主要表现在静荷载、动荷载以及海冰的爬坡堆积。海冰静荷载指海冰在流和风作用下与结构物发生作用而导致冰板自身发生挤压或弯曲破坏给工程结构物带来的水平荷载；海冰动荷载指大面积冰盘在流和风驱动下与海上平台接触，造成平台振动，冰激振动的累积效应造成结构损伤和抵抗力衰减，海冰引起不同频率和振幅的振动可能激发结构物的共振；海冰和斜坡式人工岛之间的作用力通过护坡和岛体传给地基，由于局部护面强度大于海冰抗压强度，同时岛体为实体且不可能发生振动，海冰的危害将不再以静荷载和动荷载为主，而主要表现为在海冰人工岛前的堆积、爬坡，越过防浪墙进入岛体内部，危害设施安全。因此，斜坡式人工岛抗冰措施应主要针对海冰在人工岛前的堆积和爬坡；同时，也要考虑融冰时，会加剧波浪对护坡结构的作用。

三、重冰年海冰的影响

资料表明，渤海共发生过5次严重冰情。第1次为1936年冬季，整个渤海被冰封住；第2次为1947年春季，渤海西北部发现高10m、长200m、宽70m的冰脊；第3次为1957年春季，大范围冰封，船舶停航；第4次为1969年春季，整个渤海严重冰封，损失惨重，由此引起对渤海冰情的关注，开始重视渤海的冰情调查、监测和预报；最近一次为2009—2010年，海冰灾害造成渤海、黄海沿岸各省数十亿元经济损失。

2009—2010年冬季冰情为渤海近30年来同期最严重的海冰冰情。2009年11月中旬渤海第一次出现海冰，受持续低温影响，渤海和黄海北部冰情逐步发展，国家海洋局北海预报中心从2010年1月12日至2月25日几乎每日定时发布海冰警报，1月22日渤海

50% 左右海域已被冰层覆盖。

2010 年初的严重冰情灾害，严重影响了辽河油田和大港油田滩海区域的正常营运。其中大港滩海进海路路面设施破坏严重、滩海 22 口井弃置，赵东平台生产的油气无法上岸，造成大量限产。辽河油田海南 24 井口平台井口隔水管被海冰推歪。

大港埕海油田一区和二区的冰情主要受到潮汐、气温及风向的影响。2009 年 11 月 20 日，埕海油田一区和二区近岸海域第一次出现海冰。盛冰期（2009 年 12 月中旬至 2010 年 2 月底），1 月份冰情最重，最低气温 –17℃，最高气温 7℃，平均气温 –6℃，期间气温有所反复，冰情也随之有所变化。平均风力 4～5 级，常风向为东北向和北向。因此，进海路北侧冰情比南侧冰情严重。根据观测，大港油田单层冰厚最大值为 44cm，小于设计值 54.5cm。同时，通过现场测量，人工岛几乎没有沉降或滑移。

对于人工岛，由于不规则摆放的扭王字块对人工岛形成一个缓冲带，受到的冰撞击力和挤压力绝大部分作用在扭王字块上。因此，人工岛直接受到冰的撞击力及挤压力很小，人工岛几乎不受任何影响。在工程设计中充分考虑了最危险情况下冰荷载的作用（即设计高水位的情况下冰荷载的作用），而冬季高水位的情况十分罕见。

第七节　软　土　地　基

软土包括淤泥、淤泥质黏土、淤泥质粉土、泥炭、泥炭质土等，是一种天然含水率大、压缩性高、天然孔隙比不小于 1、抗剪强度低的细粒土。通常把抗剪强度低、压缩性高、透水性差的地基以及在动力荷载作用下容易液化的地基称为软土地基。软土地基在荷载作用下产生不均匀沉降，使构筑物产生裂缝、倾斜，影响正常使用。软土地基须人工加固，以保证构筑物的稳定安全。

软土的天然含水率一般为 50%～70%。软土的液限一般为 40%～60%，天然含水率随液限的增大成正比增加。天然孔隙比为 1～2，最大达 3～4。软土的高含水率和高孔隙性特征是决定其高压缩性和抗剪强度的重要因素。

软土的竖向渗透系数一般为 10^{-8}～10^{-6}cm/s，不利于地基排水固结，由于该类土渗透系数小、含水率高，土体的固结过程缓慢，可达几年至几十年。加荷初期，易出现较高的孔隙水压力，对工程建设有显著影响。

软土属高压缩性土，其压缩系数一般为 0.7～1.5MPa^{-1}，渤海海相淤泥软土压缩系数最大达 4.5MPa^{-1}，随着土的液限和天然含水率的增大而增高。该类土在荷载作用下地基总沉降量大。

软土具有显著的触变性和流变形。当黏性土结构受扰动时，土的强度降低。但静置一段时间，土的强度又逐渐增长，这种性质称为土的触变性，用灵敏度 S_t（指土的性质受结构扰动影响而改变的特性）表示，$S_t=3\sim4$，甚至更大。土的触变性可导致软土地基侧向滑动、沉降及基底在两侧挤出等。软土的流变性是指在剪应力作用下发生缓慢而长期的剪切变形（不同于排水固结），对地基工后沉降影响较大，对护坡地基稳定不利。

软基的排水固结过程比较复杂，影响因素包括软土的物理力学性质、土层条件、荷载条件、处理方法及工期等。目前，对于软基固结沉降的计算方法主要有理论公式法和有限元数值分析法两类：理论公式法是建立在 Terzaghi 创立的经典土力学基础上，该类方法具有简便、直观、计算参数少且易取得等优点，但是在推导过程中引入了许多简化假定，计算结果与实测结果偏差较大，因此在实际应用中多用在设计阶段的预测分析；有限元数值分析方法，可以更加全面地考虑土体的变形特性、边界条件、土体应力—应变关系的非线性特性、土—水耦合效应等，能够获得任一时刻的沉降、水平位移、孔隙水压力和有效应力的变化，理论上更为严密。

在饱和软基上施加荷载后，孔隙水被缓慢排出，孔隙体积随之减少，地基发生固结变形；同时，随着超静水压力逐渐消散，有效应力逐渐提高，地基土强度就逐渐增长。根据有效应力原理，总应力增量为 $\Delta\sigma$，有效应力增量为 $\Delta\sigma'$，孔隙水压力增量为 Δp，三者之间满足以下关系：

$$\Delta\sigma' = \Delta\sigma - \Delta p \qquad (2-1)$$

软基土层的排水固结效果与它的排水边界有关。根据固结理论，在达到同一固结度时，固结所需要的时间与排水距离的平方成正比。软黏土层越厚，固结所需要的时间越长。为了加速固结，最为有效的方法是在天然土层中增加排水途径，缩短排水距离，以缩短预压时间，在短期内达到较好的固结效果，加速地基土强度的增长，使地基承载力提高的速率始终大于施工加荷速率，保证地基的稳定性。

施工过程中，随着构筑物的修建和填筑，地基会发生一定的变形，地基超静孔隙水压力随着加载速度改变，需要密切关注构筑物的稳定性。施工结束时，地基会完成一部分的沉降和水平位移，但在一定时期内，地基还会继续发生沉降和水平位移。这个时期内，通常通过监测地基超静孔隙水压力的消散来确定沉降是否完成，以上研究可通过现场监测和模型试验（包括物理模型和数值模型）来确定，构筑物各个时期的稳定性可依据相关规范进行计算，从而对施工过程进行指导和预测未完工工程的安全性。

第八节　地　震

地震是指地壳某个部分的岩层应力突然释放而引起的一定范围内地面振动的现象。地震是一种经常发生的自然现象，是地壳运动的一种形式。

地震时，震源释放的应变能以弹性波的形式向四面八方传播，这种弹性波称为地震波。地震波主要有两种：一种是沿地表传播的面波；另一种是在地球内部传播的体波。体波主要通过地球本体传递，又分为纵波（P波）和横波（S波）。地震波是使建筑物在地震中破坏的原动力，也是研究地震的最主要信息和研究地球深部构造的有力工具。

震源是指地球内部发生地震时振动的发源地。将震源视为一点，此点到地面的垂直距离，称为震源深度。震源在地面上的投影点（实际上也是一区域），称为震中区。地震震中到某一自定点的地面距离，称为震中距。震后破坏程度最严重的地区，称为极震区。

对地震大小的相对量度，称为震级。震级越高，释放的能量越大，一次地震只有一个震级。我国使用的震级标准是国际通用震级标准，叫"里氏震级"，共分9个等级。

对地震引起的地面震动及其影响的强弱程度称为地震烈度。GB/T 17742—2008《中国地震烈度表》把地震烈度划分为12个等级，分别用罗马数字Ⅰ、Ⅱ、Ⅲ、Ⅳ、Ⅴ、Ⅵ、Ⅶ、Ⅷ、Ⅸ、Ⅹ、Ⅺ和Ⅻ表示（表2-3）。

与波浪、潮流对海底土体作用相似，地震作用对海底土体也产生振动性荷载，这种剧烈的、周期性的荷载将造成砂土内超孔隙水压力，从而导致土层变软甚至液化，地震液化引起的海底土层错动和滑移造成结构破坏，影响人工岛结构的稳定。

在强烈地震作用下，处于地下水位以下的砂土，其性质可能发生明显变化，表现具有类似液体的特征，即地基土层发生液化，产生横向侧移、流滑甚至大规模滑坡等地震地质灾害。

地震时，由于瞬间突然受到巨大地震力的强烈作用，砂土层中的孔隙水来不及排出，孔压突然升高，致使砂土层突然呈现出液态的物理形状，导致地基承载力大大下降，使地面建筑物在形成的流砂中下沉，产生破坏。一般认为，地震时的喷砂冒水现象，是地下砂土层产生液化的结果。

与陆地土层相比，海底土层有以下不同特点：

（1）波浪荷载的存在，引起海底土层中超孔隙水压力的增加和周期循环荷载作用下的土体软化；

（2）海底取土样困难而且昂贵，获取高质量的土性参数不易；

（3）海底浅层气体的存在，会使土体变软，且地震时浅层气体的排出也会加速土体的液化过程；

（4）由于海水影响，液化后海底土体孔隙水压力很难迅速下降，土体模量恢复缓慢。

因此，在地震作用下，海底土层的液化将比陆地土层更加复杂，而且即使在坡度缓和的条件下，海底土体也将比陆地更易发生滑移，所以对海底土层地震液化及侧移的研究具有更多的影响因素和难度。

表 2-3　中国地震烈度表（GB/T 17742—2008）

地震烈度	人的感觉	房屋震害			其他震害现象	水平向地面运动	
		类型	震害程度	平均震害指数		峰值加速度 m/s²	峰值速度 m/s
I	无感	—	—	—		—	—
II	室内个别静止中人有感觉	—	—	—		—	—
III	室内少数静止中人有感觉	—	门、窗轻微作响	—	悬挂物微动	—	—
IV	室内多数人、室外少数人有感觉，少数人梦中惊醒	—	门、窗作响	—	悬挂物明显摆动，器皿作响	—	—
V	室内绝大多数、室外多数人有感觉，多数人梦中惊醒	—	门窗、屋顶、屋架颤动作响，灰土掉落，个别房屋抹灰出现细微细裂缝，个别有檐瓦掉落，个别屋顶烟囱掉砖	—	悬挂物大幅度晃动，不稳定器物摇动或翻倒	0.31（0.22～0.44）	0.03（0.02～0.04）
VI	多数人站立不稳，少数人惊逃户外	A	少数中等破坏，多数轻微破坏和（或）基本完好	0.00～0.11	家具和物品移动；河岸和松软土出现裂缝，饱和砂层出现喷砂冒水；个别独立砖烟囱轻度裂缝	0.63（0.45～0.89）	0.06（0.05～0.09）
		B	个别中等破坏，少数轻微破坏，多数基本完好				
		C	个别轻微破坏，大多数基本完好	0.00～0.08			
VII	大多数人惊逃户外，骑自行车的人有感觉，行驶中的汽车驾乘人员有感觉	A	少数毁坏和（或）严重破坏，多数中等和（或）轻微破坏	0.09～0.31	物体从架子上掉落；河岸出现塌方，饱和砂层常见喷水冒砂，松软土上地裂缝较多；大多数独立砖烟囱中等破坏	1.25（0.90～1.77）	0.13（0.10～0.18）
		B	少数毁坏，多数严重和（或）中等破坏				
		C	个别毁坏，少数严重破坏，多数中等和（或）轻微破坏	0.07～0.22			

续表

地震烈度	人的感觉	房屋震害			其他震害现象	水平向地面运动	
		类型	震害程度	平均震害指数		峰值加速度 m/s²	峰值速度 m/s
VIII	多数人摇晃颠簸，行走困难	A	少数毁坏，多数严重和（或）中等破坏	0.29～0.51	干硬土上出现裂缝，饱和砂层绝大多数喷砂冒水；大多独立砖烟囱严重破坏	2.50（1.78～3.53）	0.25（0.19～0.35）
		B	个别毁坏，少数严重破坏，多数中等和（或）轻微破坏				
		C	少数严重和（或）中等破坏，多数轻微破坏	0.20～0.40			
IX	行动的人摔倒	A	多数严重破坏和（或）毁坏	0.49～0.71	干硬土上多处出现裂缝，可见基岩裂缝、错动，滑坡、塌方常见；独立砖烟囱多数倒塌	5.00（3.54～7.07）	0.50（0.36～0.71）
		B	少数毁坏，多数严重和（或）中等破坏				
		C	少数毁坏和（或）严重破坏，多数中等和（或）轻微破坏	0.38～0.60			
X	骑自行车的人会摔倒，处不稳状态的人会摔离原地，有抛起感	A	绝大多数毁坏	0.69～0.91	山崩和地震断裂出现；基岩上拱桥破坏；大多数独立砖烟囱从根部破坏或倒毁	10.00（7.08～14.14）	1.00（0.72～1.41）
		B	大多数毁坏				
		C	多数毁坏和（或）严重破坏	0.58～0.80			
XI	—	A	绝大多数毁坏	0.89～1.00	地震断裂延续很大，大量山崩滑坡	—	—
		B					
		C		0.78～1.00			
XII	—	A	—	1.00	地面剧烈变化，山河改观		
		B					
		C					

注：表中给出的"峰值加速度"和"峰值速度"是参考值，括弧内给出的是变动范围。

参考文献

［1］孙湘平. 中国近海区域海洋［M］. 北京：海洋出版社，2006.

［2］朱龙海. 辽东浅滩潮流沉积动力地貌学研究［D］. 青岛：中国海洋大学，2010.

［3］宋文鹏．渤海冬、夏季温盐场结构及其海流特征分析［D］．青岛：中国海洋大学，2009.

［4］中国大百科全书总编辑委员会，中国大百科全书出版社．中国大百科全书　大气科学·海洋科学·水文科学［M］．北京：中国大百科全书出版社，1987.

［5］吴德星，万修全，鲍献文，等．渤海1958年和2000年夏季温盐场及环流结构的比较［J］．科学通报，2004，49（3）：287－292.

［6］方国洪，王凯，郭丰义，等．近30年渤海水文和气象状况的长期变化和相互关系［J］．海洋与湖沼，2002，33（5）：515－525.

［7］赵保仁，庄国文，曹德明．渤海的环流、潮余流及其对沉积物分布的影响［J］．海洋与湖沼，1995，26（5）：466－473.

［8］山东省科学技术委员会．山东近海水文状况［M］．济南：山东省地图出版社，1989.

［9］海洋图集编委会．渤海黄海东海海洋图集：水文分册［M］．北京：海洋出版社，1992.

［10］高斌．渤海海域波浪场的数值计算与特征分析［D］．青岛：中国海洋大学，2011.

［11］严恺．海港工程［M］．北京：海洋出版社，1996.

第三章

人工岛设计

滩海油田的开发论证、设计应严格依照国家及行业相关要求进行，主要包括项目建议书阶段（油田开发概念设计阶段）、可行性研究阶段（油田总体开发方案阶段）、初步设计阶段和施工图设计阶段。项目建议书（油田开发概念设计）是依据已经落实的滩海油田油气资源，结合所处海域情况，初步确定海上油田的开发方式，进而确定海洋工程的总体布局、结构方案、安全环保等内容，这一阶段的重点是论述油气资源储量和开发效益，海洋工程的论证比较粗浅，论证内容与可研阶段相似，因此在本书中不过多赘述。

当油田开发概念设计完成后，由于海洋工程投资大、对安全环保要求高，从可行性研究阶段开始需要做详细的论证。本章仅介绍采用人工岛结构形式开发滩海油田时的可行性研究和设计文件的编制、报审内容。

第一节 设计各阶段编制内容

作为人工岛的设计一般从人工岛建设的可行性研究阶段开始正式介入工程，需要完成可行性研究报告、初步设计和施工图设计，施工阶段还要配合施工单位、监理单位完成人工岛建设施工。本节重点介绍可行性研究阶段、初步设计和施工图设计阶段设计需要完成的相关文件及内容。

一、可行性研究阶段

在可行性研究阶段，根据所处海域的海况和工程地质条件，结合油藏工程、钻井工程、采油工程、地面工程方案对人工岛的相关需求，论证人工岛建设方案的可行性。

在此阶段要收集有关设计基础资料，如自然环境、区域规划、水文、工程地质、气象、经济、施工条件等，了解油藏所处海域海底地形地貌、航道、港口条件，了解当地可供建岛用材料情况，提出工程地质初步勘察要求。

在可行性研究阶段海工专业的主要任务是对人工岛结构方案进行对比论证，推荐经济合理、安全可靠的方案，配合完成总体开发方案的编制工作。主要参与整个可行性研究报告以下内容的编制：遵循的主要法规及标准规范；自然环境条件中的海洋环境条件、工程地质条件等；人工岛总体布置与结构方案的比选分析；施工条件和方法；逃生救生方式；人工岛弃置方案；项目实施进度安排；主要工程量和费用估算等。人工岛结构应根据人工岛上生产设施平面布置、环境条件、地质条件及人工岛的功能要求提出人工岛的总体尺寸、功能和布置方位，说明是否需要船舶停靠设施、引堤、管线登岛设施等；确定人工岛岛面高程、防浪墙高程；提出人工岛结构及护面方案，并进行对比、分析；提出海床稳定性分析及地基处理方案；在此阶段应完成人工岛的总体方位图、人工岛围堰、防浪墙结构图、护面图、引堤结构图、停靠设施结构图及管线登岛设施结构图等。

二、设计阶段

当油田开发方案或油田工程项目可行性研究报告批复后，人工岛工程建设工作就正式启动。首先开始的是人工岛的设计工作，它一般分为两个阶段：初步设计阶段和施工图设计阶段。

1. 初步设计阶段

初步设计阶段的目的是根据批准的可行性研究报告，对可行性研究阶段人工岛方案进行确认，并进行加深和优化。初步设计时，根据岛壁设计断面和相关规范的要求，必要时对安全等级为Ⅰ级和Ⅱ级的人工岛岛壁断面进行波浪模型试验，研究岛壁的可靠性、耐久性，优化岛壁结构设计。初步设计文件应包括：

（1）设计说明书，主要包括工程概述、自然条件、总平面布置、水工建筑物设计条件和执行标准、人工岛结构方案、施工条件、方法和进度、环境保护、劳动安全卫生、问题及建议。其中人工岛结构方案部分应包括：人工岛总体布置、人工岛高程、岛体围堰结构、护面做法、陆域回（吹）填、靠船设施、防浪墙、管线登陆设施、地基处理、环境保护、工程投资等内容。必要时还应有主要结构计算书。

（2）主要设备及材料，包括工程材料表以及主要施工设备。

（3）工程概算。

（4）设计图纸，主要包括人工岛总体方位图、平面图、各侧围堰断面图、护面图、防浪墙结构图、引堤结构图、靠船装置结构图及管线登岛设施结构图等。

初步设计必须按照批准的可行性研究报告的推荐方案开展工作，必须以工程实际的勘察、测量、水文数据为依据，并进一步优化建设方案，初步设计内容深度应满足相关规范规定，提供工程主要物资采购清单；设计专篇（消防专篇、安全专篇、环保专篇、节能专篇、职业卫生专篇）应经政府或企业进行专项审查和备案。

2. 施工图设计阶段

根据批准的初步设计开展施工图设计，主要是对初步设计成果的内容和深度进行确认，对人工岛结构进行详细的计算，使结构设计内容具体化，为施工提供设计文件。

这个阶段的主要设计文件应包括：

（1）工程设计说明，主要包括设计原则、设计遵循的法律法规和标准规范、施工要求、材料要求、质量控制和验收标准、主要工程量等。

（2）图纸，主要包括总平面图、地基处理平面图、典型断面图（围埝断面图、引堤断面图等）、防浪墙结构图、引堤结构图、靠船设施结构图、管线登岛设施结构图以及必要的结构详图等。

斜坡式人工岛设计计算应包括下列主要内容：护面块体的稳定重量和护面层厚度；栅栏板的强度；堤前护底块石的稳定重量；防浪墙的强度和抗滑、抗倾稳定性；整体稳定性；地基沉降等。

第二节 设计原则

一、基本原则

人工岛建设的工程量一般较大，应因地制宜，充分利用就近的砂、石等天然材料，尽量采用预制构件和利于海上快速施工的结构形式，减少海上施工作业量，降低投资。在人工岛附近取砂时，应根据对人工岛的稳定性和冲刷影响及当地工程地质情况，来确定取砂地点和取砂深度。

人工岛结构除长期受海水和海生物的侵蚀外，还要受到冻融及水位变动引起的干湿变化等条件的影响，因此，要求其结构材料要具有较强的耐久性和可靠性。工程设计应充分考虑所建工程对海洋环境的影响，工程建设材料不应对海洋环境造成污染。

对于新工艺、新技术、新材料，应做好科学系统的调查研究与实验验证，经证实行之有效后，再用于实际工程。

人工岛上应设置一定数量的永久观测点，在施工和使用期间，对人工岛的沉降、位移和倾斜定期进行观测。

二、选址原则

根据国家海洋局《关于加强海上人工岛建设用海管理的意见》（国海管字〔2007〕91号）人工岛位置宜在海图水深 3m 以内。

人工岛选址不宜占用自然保护区及水产基地，并应符合国家海洋管理的有关规定。确定人工岛位置时，应注意避开航道、养殖区、冲淤严重区及地震断裂带。尽可能选在高滩、土质条件好、比较稳定的浅滩上。

人工岛的选址工作应根据海上油气田总体规划设计进行。选址时，应对海洋环境、水深情况、工程地质等情况进行可靠的论证，并应结合油气藏开发井位确定人工岛的位置。

确定人工岛的形状和方向时，应满足生产工艺总体布置要求；同时，考虑人工岛对海况条件的适应性，使人工岛与环境之间的相互影响达到最小。

三、人工岛结构形式及确定原则

1. 结构形式

目前，已建成投入油气开发使用的滩海人工岛主要形式有抛石斜坡式人工岛、袋装砂斜坡式人工岛、对拉板桩结构人工岛。

1）抛石斜坡式人工岛

抛石斜坡式人工岛岛体采用砂石料堆筑而成，一般在人工岛周边建抛石围堰，中心进行土砂填芯。

抛石斜坡式人工岛是常用的人工岛结构形式，其结构形式简单，设计和施工技术成熟，施工难度小，施工质量易于控制。但由于石料用量大，所以对于石料资源匮乏的区域经济性较差。另外，由于围堰内坡向岛内延伸，因此围堰区域对打桩或打井均有影响。

2）袋装砂斜坡式人工岛

袋装砂结构的土工膜袋是一种新型土工合成材料的土工织物袋，具有抗拉强度高、透水性和反滤性好、耐腐蚀性和抗微生物侵蚀性好、质地柔软、重量轻、不缩水、价格便宜、易于加工和储运等优点，在土木工程领域得到广泛推广运用。该技术利用土工织物袋的成型作用，充灌砂料形成层状结构，分层施工形成斜坡堤。土工织物充填袋筑堤技术自20世纪80年代成功应用以来，经过近30年的研究、实践，设计施工技术已十分成熟，20世纪90年代末完成国家和行业标准化，制定了 GB/T 50290—2014《土工合成材料应用技术规范》、JTJ 239—2005《水运工程土工合成材料应用技术规范》、SL/T 225—1998《水利水电工程土工合成材料应用技术规范》，为工程设计、施工技术质量提供了有力保障。袋装砂技术已被广泛应用于我国水运和水利行业的护岸、围堤造地、防波堤及堤坝工程，取得了良好的经济效益和社会效益。

袋装砂结构斜坡堤能因地制宜，就地取材，特别适合石料资源匮乏、自然砂源较为丰富、能就近采取、取砂费用较为低廉的地区。在这些地区，该结构形式与抛石堤相比，具有造价低、工期短等方面的优势。它利用土工织物的成型作用，采用泥浆泵就近取砂充填筑堤，机械化程度较高，能快速形成棱体，由于土工织物的加强作用，使得堤身整体性较好，适应软基变形，适用于潮间带、水下低滩的堤坝工程，施工作业面大，施工速度快、周期短，并能与岛心吹填砂紧密结合，相互依托。该结构形式在长江中下游、长江三角洲地区、唐山曹妃甸地区已有许多成功的工程实践，取得了良好的经济效益和社会效益，已形成了一整套成熟的设计、施工、质量检验体系。

3）对拉板桩结构人工岛

对拉板桩结构人工岛是从"构件＋毛石"修筑进海路和人工岛的方法发展来的。1997年开始利用对拉板桩结构修建进海路及人工岛，在其后短短5年里，出现了11座人工岛和12条进海路。对拉板桩结构具有成本低、效率高、适应广、不需要大型作业船舶和设备的优点，较好地解决了海上设备上不来、陆上设备下不去的潮间带到海图水深1m海域施工建设问题。2001年10月至2002年4月，大港油田采用该技术，成功修建了1.4km长、4.4m宽的进海路和一座宽57m、长93m的人工岛先导性试验工程，并对该技术进行了较为细致系统的理论研究，首次提出了对拉板桩结构概念，并完善了设计计算理论。对拉板桩结构人工岛的优点是："构件陆上预制，海上组装"，断面尺寸较小；构件体积较小，吊装方便；施工进度相对较快；工程投资相对较低。缺点是：在岛心充填物侧向挤压下，构件或墙体易产生裂缝；陆上预制时间较长；适用水深较浅，如大港油田海底地质较软，仅适用于0m水深线以浅海域，胜利油田地质条件较好，可用到1m水深线附件；施工工序要求严格。

2. 结构形式确定原则

确定岛体结构形式应根据当地的建岛材料条件、水文条件和工程地质条件，选取多种可行的结构方案进行方案比较，通过技术经济对比、施工难易对比、可靠性对比、耐久性对比、环境影响对比，综合各方面因素，推荐确定出适合特定工程实际的结构方案。

例如，曹妃甸滩海油田由于人工岛建设海域海底为砂土，因此采用袋装砂围埝和吹填砂岛心较为经济合理。但埕海油田和辽东湾油田海底均为淤泥质黏土，而从外地购砂成本高，因此采用抛石结构围埝比较经济；岛心由于需要打桩、打井，因此不能采用毛石材料填筑。为了提高施工质量、保证工期进度，埕海油田和辽东湾油田岛心水下部分采用抛填砂；出水后的部分，为了节省投资，采用填土压实岛心。为了防止砂、土流失，人工岛围埝要做好倒滤层，岛面要做硬化处理。

第三节　设计基础资料

人工岛在设计时应收集下列基础资料：滩海石油勘探开发规划的人工岛位置图；水文气象资料；地形图、海图等有关测量资料；工程地质资料；区域地质灾害资料；区域地震资料。

一、水文气象资料

收集并掌握工程海域波浪、流、潮、风暴潮、冰、水温、风、气温、降水、雾、灾害性天气等水文气象资料，确定不同重现期的水文气象设计参数，进行综合性评价。这些资料一般由业主提供，业主的资料大多是由专门的海洋部门通过观测和推算得到的。

二、测量资料

地形图、海图及有关工程地形测量的资料是人工岛设计的重要资料，除了对人工岛岛周进行测量外，需结合相关专题研究成果，对砂源调查区、施工船舶临时航道或油气管线布置区等进行地形测量。工程地形测量资料的测图比例尺应根据测量类别、测区范围、任务要求和经济合理性来确定。由于人工岛的修建可能对海洋环境造成影响，因此建议测量范围应宽一些，以便为今后的地形变化提供依据、积累经验。一般人工岛的测量图可按表3-1选用。

表3-1　滩海人工岛各设计阶段的测量图的要求

序号	项目阶段	测图比例尺	范围
1	可行性或方案研究阶段	1∶2000～1∶20000	岛周各2000m
2	初步设计阶段	1∶1000～1∶5000	岛周各2000m
3	施工图设计阶段	1∶500～1∶2000	岛周各不小于300m

三、工程地质资料

工程区域工程地质勘查资料是人工岛设计的重要地质资料，应根据具体的工程情况，合理地确定勘察的要求。工程地质勘查主要包括：场地微地貌和地层变化、有无不良地质现象及对场地工程条件的影响程度等。通过室外及室内试验分析，提供设计所需的物理力学指标，并提出工程地质评价。地质勘探间距及深度要求可参照表3-2来综合确定。

表 3-2 地质勘探间距及深度表

项目阶段		勘探线间距，m	勘探点间距，m	一般性勘探点深度，m	控制性勘探点深度，m
初步设计阶段		100～200	100～200	≤30	≤40
施工图设计阶段	一级	≤20	≤20	30～40	≤30
	二级	20～30	20～30		
	三级	30～40	30～40		

说明：可行性研究阶段地质勘查勘探点应根据可供选择区域的面积、形状特点、工程要求和地质条件等进行布置。可按网格状布置，点距 200～500m。勘探点应进入持力层内适当深度。勘探宜采用钻探与原位测试相结合的方法。

另外，应结合工程需要对主要建筑材料进行勘察，如对抛石斜坡式人工岛石料开采区、袋装砂斜坡式人工岛取砂区等进行勘察：一方面，要查清原材料的工程性质；另一方面，要查清砂石材料的储备量。

四、区域地质灾害资料

海洋地质灾害因素一般可分为一是存在海底表面的，如各种活动的水下沙丘、沙波、沙脊、海底侵蚀、淤积、冲刷等；二是存在海底以下浅层中的，如古河道、古湖泊、断层和力学性质差的软土层及液化土层等；三是存在于海底深层的，如由地震引发的海啸、滑坡等。海底表层的地质因素严重影响人工岛等海洋工程结构的安全和施工。例如冲刷可掏空人工岛岛壁的堤脚，致使人工岛岛壁发生垮塌，严重威胁人工岛的安全。海底以下浅层地质因素可能会导致人工岛岛体滑坡、滑移等现象发生，例如深厚的软土可能导致人工岛沉陷、滑坡等，液化砂土可能致使人工岛完全失稳，这些都严重影响人工岛的安全，必须进行地基处理，消除地质因素的影响。海底深层的地质因素地震对人工岛影响很大，可使人工岛产生滑坡、下沉失稳等现象。因此，在人工岛选址时，应尽量避开工程地质不利地带，如断层、断裂带、古河道等，对于一些无法避开的工程地质不利地带（如深厚软土、液化土等），在工程设计时就要采取相应的地基处理措施，降低工程风险。

五、区域地震资料

滩海地震资料的参数一般根据 GB 18306—2015《中国地震动参数区划图》选取，必要时由专业机构对相应海域进行地震评价。

第四节　荷载的分类及组合

一、荷载的分类

设计人工岛时，应考虑下列荷载：风荷载、波浪荷载、海流荷载、冰荷载、自重荷载、岛面使用荷载、施工荷载、地震荷载等。

人工岛结构上的荷载，在设计基准期内，按时间的变异可分为：

（1）永久荷载。指量值随时间的变化与平均值相比可以忽略的荷载，如自重力、预加应力、土重力及由永久荷载引起的土压力、固定设备重力、固定水位的静水压力及浮托力等。

（2）可变荷载。指量值随时间的变化与平均值相比不可忽略的荷载，如堆货荷载、起重机械荷载、运输机械荷载、汽车荷载、船舶荷载、人群荷载、可变荷载引起的土压力、水流荷载、风荷载、波浪荷载、冰荷载和施工荷载。

（3）偶然荷载。指不一定出现，一旦出现，其量值很大且持续时间很短的荷载，如地震荷载。

二、荷载的组合

对实际有可能在人工岛结构上同时出现的荷载，应按承载能力极限状态和正常使用极限状态，并结合相应的设计状况，进行荷载效应组合。组合包括持久组合、短暂组合和偶然组合。人工岛按承载能力极限状态设计时，应以设计波高及对应的波长确定的波浪荷载作为标准值，并应考虑以下3种设计状况及相应的组合：

（1）持久状况，应考虑以下的持久组合：设计高水位、设计低水位、极端高水位时，波高应采用相应水位的设计波高；极端低水位时，可不考虑波浪的作用。

（2）短暂状况，应考虑以下的短暂组合：对未成形的岛体进行施工期复核时，水位可采用设计高水位和设计低水位，波高的重现期可采用2～5年。

（3）偶然状况，在进行岛体整体稳定计算时，应考虑地震荷载的偶然组合，水位采用设计低水位，不考虑波浪对岛体的作用。

第五节　设　计　标　准

一、人工岛结构的安全标准

人工岛结构的安全等级划分主要是依据人工岛的功能、油气开发规模、水深、面积等因素确定。在SY/T 4084—2010《滩海环境条件与荷载技术规范》中人工岛共分为3个安全等级：使用年限大于 15 年且有人值守人工岛结构安全等级为 I 级，I 级人工岛破坏后果很严重（如环境污染、人身安全、经济损失均较大等）；使用年限小于 5 年的无人值守的人工岛结构安全等级为 Ⅲ 级，Ⅲ 级人工岛破坏后果不严重（如环境污染、人身安全、经济损失均较小）；除了 I 级和 Ⅲ 级以外的其他人工岛为 Ⅱ 级人工岛。

二、设计水位标准

水位是人工岛工程设计中一个重要的水文条件，它不仅直接影响人工岛的高程，而且也影响人工岛结构的工程量。人工岛工程的设计水位包括：设计高水位、设计低水位、极端高水位和极端低水位 4 种。

设计水位是指人工岛在正常使用条件下的高、低水位。我国海港水文规范规定，采用高潮（即潮峰）累积频率 10% 和低潮（即潮谷）累积频率 90% 的水位。从高潮 10%（或低潮 90%）来看，在总潮次中将有 10% 潮次的水位比它更高（或更低）。

极端水位是指在非正常工作条件下的高、低水位。这种水位通常不是由单纯的天文因素所造成的，而是由寒潮或台风造成的增减水位（气象潮）与天文潮组合而成的。极端高、低水位的出现周期是以几十年来计的，因此，在这种水位条件下，要求人工岛在各种校核荷载作用下，断面结构及地基仍具有一定的安全度。人工岛的极端水位，可根据人工岛的安全等级的不同而采用相应重现期的高、低潮位。

上述设计高、低水位、极端高、低水位均可到当地海洋局、水文站和港口等部门收集，也可根据相关资料，按 JTS 145—2015《港口与航道水文规范》进行推算。

对于 I 级和 Ⅱ 级人工岛的极端高、低水位应采用重现期为 50 年的高、低潮位；Ⅲ 级人工岛的极端高、低水位应采用重现期为 25 年的高、低潮位。

在人工岛设计过程中，应采用相同的高程基准面，一般多采用 1985 年国家高程基准，也可采用理论深度基准面或当地的建港高程系统，但应注意其间相互换算关系，并应在设计文件中给出。平面坐标系统一般多采用 1980 年西安坐标系，也可采用 1954 年北京直角坐标系。

三、设计波浪的标准

设计波浪要素可由现场实测资料或根据气象资料进行推算确定。设计波浪的标准应包括设计波浪的重现期和设计波浪在波列中的累积频率。对于不同的设计内容，应采用不同的设计波浪标准。

据 SY/T 4084—2010《滩海环境条件与荷载技术规范》中的规定，对于结构安全等级不同的人工岛应采用不同重现期的波浪进行计算。对于 I 级和 Ⅱ 级直墙式、墩柱式（包括桩基式）和斜坡式人工岛，在进行强度和稳定性计算时，设计波浪的重现期均采用50年一遇；对于Ⅲ级直墙式、墩柱式（包括桩基式）和斜坡式人工岛，在进行强度和稳定性计算时，设计波浪的重现期采用25年一遇；对于临时性的人工岛应根据实际情况，采用较短的设计重现期，经业主同意，设计者可考虑以2～3倍的设计寿命适当降低设计重现期。人工岛设计波浪的重现期标准见表3-3。

表3-3　人工岛设计波浪的重现期标准

人工岛围堰形式	安全等级	重现期，a
直立墙式、墩柱式	Ⅰ，Ⅱ	50
	Ⅲ[①]	25
斜坡式	Ⅰ，Ⅱ	50
	Ⅲ	25

① 在港口规范中此项也按50年重现期计。

据 SY/T 4084—2010《滩海环境条件与荷载技术规范》中的规定，人工岛结构的强度和稳定性计算时，设计波高的波列累积频率应按表3-4采用。

表3-4　设计波高的特征值或累积频率标准

结构物形式	部位	计算内容	特征值、累积频率，%
直墙式、墩柱式、桩柱式	上部结构、墙身、墩柱、桩基	强度和稳定性	1
	基床、护底块石	稳定性	5
斜坡式	防浪墙、堤顶方块	强度和稳定性	1
	护面块石、护面块体	稳定性	13[①]
	护底块石	稳定性	13

① 当平均波高与水深的比值 $\bar{H}/d < 0.3$ 时，累积频率宜采用5%。

当推算的各种累积频率的波高大于浅水极限波高时，均应按极限波高采用。

四、海流的标准

滩海人工岛多建于近岸海域，近岸海流分析应以潮流和风海流为主；同时，还应考虑波浪破碎产生的沿岸流和离岸流，河口区水流分析应以潮流和径流为主。应用合理的统计资料选择使用期内的最大可能流速作为设计流速，海流的最大可能流速为潮流与余流的最大可能矢量之和。海流对人工岛结构的影响相对较小，不是主要控制荷载，规范中给出了海流对护底块石重量的影响，详见本章第八节相关内容。

五、海冰的标准

Ⅰ级和Ⅱ级人工岛的海冰设计重现期应采用 50 年；Ⅲ结构物应以 3 倍的设计寿命作为设计重现期，但应大于 25 年且小于 50 年。由于油田人工岛多为斜坡式结构，冰排在爬升堆积过程中只发生弯曲断裂，因此海冰对人工岛实体斜坡堤作用较小，冰荷载也不是斜坡式人工岛设计时的控制荷载。同时，人工岛实体围堰抗浮冰撞击能力强，可以有效抵御设计浮冰撞击。围堤及防浪墙基础顶标高一般高于冰的堆积高度，因此海冰对防浪墙不构成威胁。

六、风的标准

风速是以建岛附近、空旷平坦地面、离地 10m 高、重现期 50 年、10min 平均最大风速确定。风荷载本身对人工岛岛体结构影响较小，但风对施工影响较大。

第六节　结 构 设 计

一、结构总体设计

人工岛的位置和尺度确定后，依据所处海域水深、浪高、流速、海床的坡度等因素确定岛面高程和防浪墙高程，并进行总体结构设计。

1. 岛体结构组成

1）抛石斜坡式人工岛结构

抛石斜坡式人工岛结构形式可分为以下两种：

（1）主体结构全部由石料堆筑，外设护面，如图 3-1 所示。

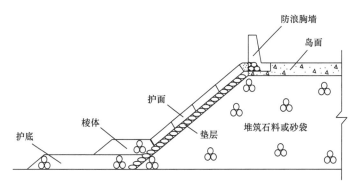

图 3-1　无岛壁形人工岛结构

（2）用石料堆筑形成岛壁，中间用土砂填芯，如图3-2所示。

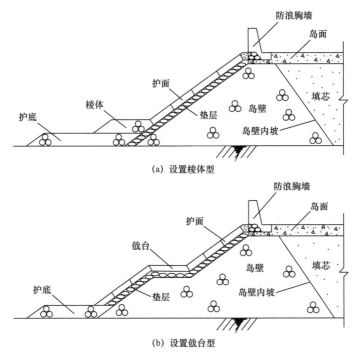

（a）设置棱体型

（b）设置戗台型

图3-2　有岛壁形人工岛结构

2）袋装砂斜坡式人工岛结构

袋装砂斜坡式人工岛结构一般采用内外侧双棱体，中间回填堤心砂形成岛壁，内侧水力吹填砂、土填芯。根据工程区水深情况，可分为设置戗台（深水区）或不设置戗台（浅水区），具体结构如图3-3所示。

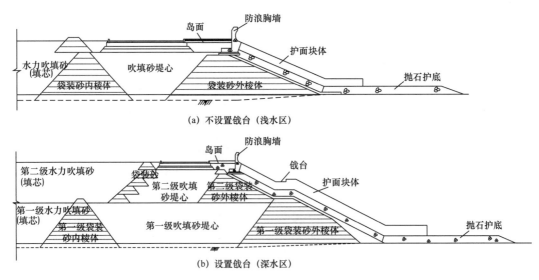

（a）不设置戗台（浅水区）

（b）设置戗台（深水区）

图3-3　袋装砂斜坡式人工岛结构

3）对拉板桩结构人工岛结构

对拉板桩结构可以概括为"构件陆上预制，海上组装，先筑墙，后填充，桩深扎，梁定位，板挡毛石，将桩、板、梁和毛石四者有机地结合成一整体，形成钢筋混凝土构件护面的毛石坝，再在坝上加高，即成进海路和人工岛围堰"[1]（图3-4至图3-8）。具体讲即为陆地提前预制桩板联体、定位桩板联体、定位梁、板板联体、挡浪墙板、挡浪墙顶板、铺路板等钢筋混凝土构件。施工时，首先向海底打入深度为5～8m的两排桩板联体构件，在两排桩板联体之间扣上定位梁，将构件互相扒住，组成开口沉箱，中间充填毛石，露出水面形成岛壁的基础，其上再安装板板联体，在板板联体内布设钢筋、现浇混凝土，板板联体两边再抛石，在板板连体中间安放挡浪墙预制板加高岛壁，再在内侧填砂外侧抛填毛石和护面块体即成人工岛。

图3-4 对拉板桩结构示意图

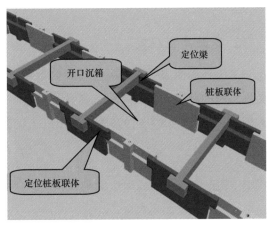

图3-5 充填毛石形成基础

图3-6 板板联体安装

图3-7 安装挡浪墙顶板

图 3-8　人工岛剖面示意图

2. 岛面高程确定

人工岛岛面边缘高程应使岛面处于经常不上水的状态，岛面高程过低将使岛面上设施受到海水的威胁，岛面高程过高又不经济。在《滩海斜坡式砂石人工岛结构设计与施工技术规范》（SY/T 4097—1995）中给出的人工岛岛面边缘高程为：

$$Z_p = h_p + R_{F\%} + \Delta h \qquad (3-1)$$

式中　Z_p——人工岛岛面边缘高程，m；

　　　h_p——设计高水位，m；

　　　$R_{F\%}$——高水位时 13% 的波浪爬高，m；

　　　Δh——安全超高值，一般取 0.5～1.0m。

由此规范确定的高程较高，主要是由于波浪在斜坡式护面上爬高值较高造成的。对于人工岛而言，一般其边缘均设有防浪墙，防浪墙完全可以阻止沿护面爬上的海水进入岛内。考虑到防浪墙的作用，人工岛岛面高程可取为极端高水位加 0.5～1.0m 的安全超高值。这样即使在风暴潮的情况下，潮位也不会高于岛面，人工岛上设施是安全的。采用该方法确定的高程一般比《滩海斜坡式砂石人工岛结构设计与施工技术规范》（SY/T 4097—1995）给出的岛面高程低一些。以大港油田张东开发区张东 B 人工岛为例对两种方法确定的高程进行对比分析。张东 B 人工岛距岸 6.7km，该位置海图水深 0.9m。由表 3-5 可看出，按规范确定的人工岛岛面高程为 4.5～5.0m，而按极端高水位确定的人工岛岛面高程为 4.0～4.5m，在该工程中两种方法计算的岛面高程相差 0.5～1.0m。经过计算，按规范确定高程的人工岛投资比按极端高水位确定高程的人工岛投资高 600 万～1200 万元，投资增加幅度约为 10%。由此可见，高程对投资的影响较大。

表 3-5 张东 B 人工岛高程对比表   单位：m

参数	50 年极端高潮位	100 年极端高潮位	设计高潮位
潮位	3.21	3.39	1.65
波高	3.61	3.71	2.67
浪爬高	3.62	3.8	2.33
按规范确定高程		4.48～4.98	
按极端高水位确定高程	3.71～4.21	3.89～4.39	

通过对环渤海滩海油田人工岛多年使用情况分析，按极端高水位确定的岛面高程，即使发生风暴潮也不会淹没人工岛，完全可以满足海上人工岛钻井、开发生产的需要。因此，在后续规范修订过程中采用了该建议对人工岛岛面高程进行了调整。

在现行的《滩海斜坡式砂石人工岛结构设计与施工技术规范》（SY/T 4097—2010）考虑到防浪墙的作用，人工岛岛面高程取极端高水位加 0.5～1.0m 的安全超高值。这样在遭遇风暴潮的情况下，岛面也会高于极端高水位，陆域排水始终可用重力自流方式，排放能力大，不存在受高潮位顶托无法排放的问题，无内涝之虞，即便在局部防浪墙需要开缺或局部受损情况下遭遇风暴潮，只要围堰结构和护面结构完好，除有少量越浪，围堰和陆域不会进一步损坏，岛体结构安全度高。

3. 防浪墙高程确定

人工岛防浪墙高程确定直接关系到人工岛的使用效果。防浪墙高程一般与极端高水位、波高、岛壁外坡坡度、护面形式、防浪墙形式等多种因素有关。按《滩海斜坡式砂石人工岛结构设计与施工技术规范》（SY/T 4097—1995）规定，人工岛防浪墙高程应按不允许越浪条件确定，即要求防浪墙应高出极端高水位 1.2～1.4 倍的波高，而该波高为极端高水位时的波高，波高累积频率为 1%。按此，该规定确定的防浪墙高程一般较高，且高出岛面较高，不利于岛上的通风和使用；同时，由于防浪墙高，对围埝产生的荷载压力大，也容易造成防浪墙不均匀沉降；另外，人在人工岛内，周围全是 4～5m 高的防浪墙，视觉效果不好，人员感到压抑。因此，合理地确定人工岛上防浪墙的高度是十分重要的。

从人工岛防浪墙的功能看，其主要作用就是防止波浪带进岛内大量海水，威胁岛内设备的安全。从目前建成的一些人工岛使用情况分析，即使波浪带进岛内一些海水，其影响范围也很有限，一般仅在防浪墙附近 3～6m 范围内，故只要在该区域做好排水，不会影响岛内其他位置的使用。因此，在人工岛岛面布置时，只要将设备避开防浪墙附近区域，或设置必要的防护，防浪墙高程即可按照基本不越浪的标准设计，防浪墙顶高程应设在设计高水位以上不小于 1.0 倍波高值处。一般来讲，只有当潮位和波高都到达一定高度时，才会有越浪现象发生，而潮位高于设计高水位的频率仅有10%，而同时又出现极限波高的时候就更少。因此，可以认为按基本不越浪确定的防浪墙高程是合理的。

以大港油田张东B人工岛为例，防浪墙按不允许越浪计算顶高程为9.0m，而按基本不越浪计算防浪墙顶高程为7.0m，两者差2.0m。表3-6给出了张东B人工岛不同高程和水位的越浪情况，可以看出，虽然防浪墙高程降低了，但是在极端高水位、设计高水位时越浪量仍然很少。

表3-6　张东B人工岛防浪墙不同高程越浪量对比

结构位置	高程 m	极端高水位越浪量 m³/（m·s）	设计高水位越浪量 m³/（m·s）
按不允许越浪计算	9.0	0.005	0.0002
按基本不越浪计算	7.0	0.022	0.001

注：风浪作用下极端高潮位时的越浪量，其他潮位越浪量更少。

综上所述，人工岛防浪墙高程按基本不越浪方法确定，仍能满足人工岛的使用要求。防浪墙高程降低即节省了投资，又利于岛内通风，还减少了防浪墙和围埝的沉降量，同时，岛内视觉效果也大有改善。

对防护要求高的斜坡堤，应按波浪爬高计算确定其高程，并宜控制越浪量。防浪墙高程宜按设计高水位加超高确定，超高值按式（3-2）计算：

$$Y = R + A \qquad （3-2）$$

式中　Y——超高值，m；

　　　R——设计波浪爬高，可按 JTS 145—2015《港口与航道技术规范》或者 GB 50286—2013《堤防工程设计规范》的规定计算确定，m；

　　　A——安全加高，可根据使用要求和人工岛的重要性确定，取 0.3～1.0m。

人工岛实际工程中，一般将防浪墙内侧易受海浪影响的区域设置为环岛道路。

4. 辅助设施设置

人工岛设计时除了考虑岛体的安全外，还应考虑人工岛上人员、设备和物资的进出岛问题、岛体对海域航行的影响问题、特殊情况下人员的逃生问题等，这就需要在人工岛上设置靠船设施、直升机停机坪、管线登岛设施、助航设施、应急避难和逃生设施和消防储水设施等。

1）靠船设施

为了便于人工岛上人员和物资的运输，人工岛一般需要设置靠船设施，其作用与码头相同。人工岛靠船设施应根据环境条件、地质条件及靠泊要求选择合理的结构形式，并应根据靠泊要求计算靠船设施顶面高程、前沿底标高、乘潮水位等。靠船设施应结合人工岛的具体情况考虑其位置，尽量使其设在水深、岛可做掩护、便于船只进出的位置。靠船设施应结合人工岛的逃生、救生、货物运输、油品运输以及是否辅助附近海域其他人工岛、平台的情况等功能综合考虑。同时，在确定靠船设施顶面高程时应特别注意不同船只靠泊的要求。

靠船设施在结构上可采用直立岸壁的重力式码头形式，也可采用高桩码头、栈桥形式等。埕海油田人工岛的靠船设施采用直立岸壁重力式码头结构形式，南堡油田人工岛的靠船设施采用高桩码头、栈桥结构形式。如图 3-9 至图 3-11 所示。

图 3-9 埕海油田人工岛的靠船设施

图 3-10 南堡油田人工岛的靠船设施（一）

图 3-11 南堡油田人工岛的靠船设施（二）

2）直升机停机坪

当人工岛上需要停靠直升机时，应设直升机停机坪或甲板。直升机停机坪应设置在岛体生活设施主体结构的最高点或岛体的边缘（图3-12至图3-14）。

图 3-12　屋顶直升机停机坪（一）

图 3-13　屋顶直升机停机坪（二）

图 3-14　岛面直升机停机坪

3）管线登岛设施

为了便于人工岛周围海域的平台的油气输送到人工岛和岛上油气外输，以及人工岛供电线路上岛等需求，人工岛一般需要设置管线登岛设施（图3-15和图3-16）。人工岛管线登岛设施应根据环境条件、地质条件及登岛管线的要求选择合理的位置和结构形式。人工岛管线登岛设施可与靠船设施一同考虑设置，尽量设置在受风浪、潮流等海况条件作用较小的方位，并应保证管线登岛安全，同时，不应影响船舶停靠和靠船设施使用。

图 3-15 导管架平台管线登岛设施

图 3-16 靠船设施上的管线登岛设施

4）助航设施

人工岛上应设助航设施，以保障人工岛附近海域船舶航行安全。人工岛上设置助航标志设施与信号应得到政府主管部门的认可。人工岛灯光助航设施上，应安装一盏或多盏在夜间显白色的灯（同步发光）。助航设施上灯的结构和安装位置应保证从任何方向驶近人工岛的船舶至少能看见一束灯光。灯的设置高度在平均大潮高潮面以上不低于 6m，且不高于 30m。人工岛音响设施应装有一个或多个音响传导器，其结构所在位置应使从任何方向驶近人工岛的船舶都可以听见。音响信号应安装在平均大潮高潮面以上不低于 6m，且不高于 30m 的位置。图 3-17 所示为埕海油田人工岛的助航设施。

5）应急避难房

按 SY 6634—2012《滩海陆岸石油作业安全规程》的要求，必须设应急避难房，应急避难房需要满足全部岛上人员的应急避难，包含钻井期间的人员。应急避难房一般采用安全等级为Ⅱ的建筑物，其结构形式可采用钢结构或钢筋混凝土结构，其基础一般采用桩承台结构。一般避难房常与岛上的值班室、休息室和控制室等合建在一起，但必须单独设置。避难房内应储备可供避难人员 5 天用的救生食物、饮用水和急救箱。

避难房的地面按规范规定应高出挡浪墙 1.0m。

图 3-17 埕海油田人工岛的助航设施

埕海油田人工岛应急避难房设在建筑物的 3 层，南堡油田人工岛应急避难房设在二层，两个避难房都设有储存食物和水的储物间（图 3-18 和图 3-19）。

另外，人工岛上还应根据交通道路、海况条件、人员驻守情况合理设置救生设施。漫水路连接的人工岛，岛上人员应首选通过进海路逃生撤离，当进海路漫水时可通过救生筏等逃生设施逃生。无进海路人工岛，岛上人员可通过救生艇（筏）、直升机等逃生设施逃生。有 24h 可通行进海路连接的人工岛，岛上一般不设救生、逃生设施。

图 3-18　埕海油田人工岛应急避难房

图 3-19　南堡油田人工岛应急避难房

6）消防储水设施

人工岛上消防用水，海水、淡水均可。较深水域的人工岛可在船舶应急停靠点处设取水泵，直接用海水消防；在潮间带较浅水域的人工岛为保证消防水的连续供应，须设置消防储水设施，为了节省人工岛上的有效面积，消防储水设施可利用人工岛底部回填的砂体或毛石围堰作为储水设施。一般是在围埝堤挡浪墙的内侧布置两口或多口取水井，每口取水井的设计出水流量应达到消防用水量的要求。当不出现干滩时，潮水可以通过围埝堤的抛石体孔隙进入集水井中。当出现干滩时，则利用围埝抛石体中的孔隙水作为消防水源，消防储水设施大小尺度根据消防用水量、消防时间及干滩时间确定。这种方法主要适用于海床为黏土地区的人工岛，比较经济。

利用岛体结构作为消防储水设施的结构一般由集水井、地下集水箱涵及围垾抛石堤组成。集水井和地下集水箱涵一般为预制结构，其作用是为了使抛石体中的水更快地进入集水井。集水井和集水箱涵的底部一定要低于原始海床泥面。储水量按抛石体低于原始海床泥面部分计算，两者的高差便是储水的高度，此部分抛石体的长度和宽度即为储水体的面积，由此算出的体积再乘以毛石体的孔隙率就是这部分结构储存的水的体积。如图3-20和图3-21所示。

另外，岛体结构作为储水设施时，抛石体中的渗水速度需满足消防水泵取水要求。

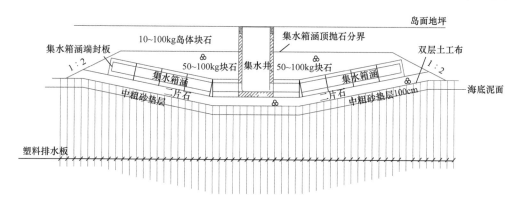

图3-20 集水箱涵剖面图

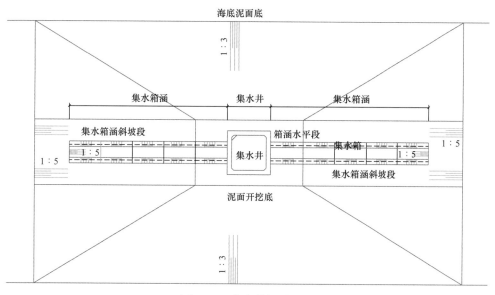

图3-21 集水箱涵平面图

7）救生逃生设施

人工岛应急撤离条件、撤离命令发布应符合SY/T 6044—2012《浅（滩）海石油天然气作业安全应急要求》的规定。人工岛的使用单位应根据人工岛和与之相连进海路的具体情况制订应急行动方案。人工岛应根据交通条件、海况条件和人员驻守等情况合理设置救生设施。

（1）孤岛。

没有进海路连接的海上孤立的人工岛救生、逃生应符合 SY/T 5747—2008《浅（滩）海钢质固定平台安全规则》的要求，基本与海上固定平台的救生逃生设施一样。无进海路的孤岛一般距岸相对较远，救生、逃生应以预警撤离为主，在岛上设置救生艇、救生筏、救生衣、救生圈、直升机坪、应急避难房等设施。

救生艇、救生筏一般设在靠船设施处，数量应满足岛上全部作业人员撤离之用。应急避难房一般与岛上其他建筑物合建。直升机坪一般设在人工岛建筑物顶部，并应满足 SY/T 5747—2008《浅（滩）海钢质固定平台安全规则》和《民用直升机海上平台运营规定》（CCAR-94FS- Ⅲ）的要求。

（2）有进海路的人工岛。

对于有进海路连接的人工岛，一般可借助进海路组织人员逃生。

对于全天候通行进海路连接的人工岛，人员撤离十分方便，因此，岛上可不设救生逃生设施。救生、逃生应以预警撤离为主。岛上有巡检、值班人员时，必须有值班车辆跟随，便于岛上全部人员及时撤离。

对于有漫水路连接的人工岛，岛上应按 SY 6634—2012《滩海陆岸石油作业安全规程》的要求设置救生筏、救生衣、救生圈、应急避难房及相应的救生逃生设施，可不设救生艇和直升机平台（图 3-22 和图 3-23）。岛上人员一般应在海况预警时撤离人工岛，万一没有撤出时可在岛上应急避难房避难，等待撤离时机。当岛上发生事故时，如果进海路不漫水，岛上人员可通过进海路乘值班车辆撤离；如果进海路漫水不能通行时，可通过救生筏撤离。

图 3-22　人工岛靠船设施上的救生筏

图 3-23　人工岛上的救生艇

二、岛体结构

1. 材料性能要求

（1）土料应符合下列要求：

① 土料应是不含有杂物和腐烂植物的非淤泥质土；

② 水下填土应采用透水性较好的非黏性土，如砂等；

③ 采用吹填的方式回填的岛芯材料应以砂为主，透水性必须较好；

④ 高出水面的土料可采用黏土，但必须回填密实。

（2）石料应符合下列要求：

① 石料应不成片状，无严重风化和裂纹；

② 在水中浸透后，岛壁和护底块石强度不应低于 30MPa，护面及防浪墙块石强度不应低于 50MPa。

（3）砂袋应符合下列要求：

① 编织袋应满足袋内砂土排水的透水性、过滤性，并有足够强度保证施工中不破损；

② 填袋砂土宜为砂和亚砂土，不宜选用黏性土。

（4）水泥砂浆应符合下列要求：

① 砌筑用水泥砂浆的强度等级不应低于 M10，当有抗冻要求时不应低于 M20；

② 勾缝水泥砂浆的强度等级不应低于 M20。

（5）混凝土应符合下列要求：

混凝土和钢筋混凝土构件应按 JTJ 267—1998《港口工程混凝土设计规范》的规定选定抗冻等级。对无抗冻要求的人工岛，混凝土强度等级不应低于 C20，钢筋混凝土强度等级不应低于 C25。

混凝土应采用淡水拌和，严禁用海水拌合混凝土。人工岛上的混凝土、钢筋混凝土构件应考虑海水的腐蚀。砂子和水泥均应符合国家现行有关标准的规定。

2. 岛壁

人工岛岛壁是指为防止人工岛岛心材料流失而设置的周边围壁结构，斜坡式人工岛岛壁多为抛石斜坡堤、袋装砂棱体等。岛壁设计时，应进行整体稳定性验算及自身沉降量计算。岛壁外坡坡度应满足整体稳定性要求，外坡坡度应符合表 3-7 的要求。

岛壁内坡坡度应不小于抛筑材料的自然堆坡坡度，并应满足施工期间内坡稳定的要求。水下用于支承护面的抛石棱体顶宽不宜小于 1.5m，厚度不宜小于 1.0m。当水上部分的护面采用干砌块石、干砌条石或浆砌石时，宜设置抛石戗台，戗台顶宽宜不小于 2m，顶高程应设在施工水位附近，其厚度不宜小于 1.0m。

表 3-7　斜坡堤坡度

护面形式	边坡坡度
抛填或安放块石	1：2.0～1：3
干砌或浆砌块石	1：1.5～1：2
抛填方块	1：1.0～1：1.25
安放人工块体	1：1.25～1：2

3. 回填区

人工岛用料应选用自然级配石料，填芯土砂宜选用渗透性好的砂和亚砂土。填芯时应分层夯实或碾压。水上土砂填芯压实度应大于 90%。

当在土砂与石料两种粒径差较大的界面时，应在其界面设置倒滤层。当岛壁为袋装砂结构时，倒滤层应设在岛壁外坡上；当岛壁为石料、填芯为土砂时，倒滤层应设在岛壁内坡上。倒滤层可分层或不分层铺设。分层倒滤层可由碎石层和粗砂、砾砂层或土工织物层组成，每层厚度不宜小于 0.15m，总厚度不宜小于 0.4m；不分层倒滤层应采用级配较好的天然石料（如石渣、砂卵石等）或粒径为 1～8cm 碎石、厚度分别不得小于 0.6m 和 0.4m，水下倒滤层厚度宜适当加大。

倒滤层也可用铺设土工织物的方法，固定土工织物可采用 1～8cm 碎石铺盖，碎石厚度不宜小于 0.2m。

为了加速人工岛土砂填芯固结沉降的速度，一般水下填芯部分采用砂，水上部分可用黏性土。当水下部分也填土时，应在填芯中采取设置排水砂井、排水塑料板、分层加粒料做排水层或碾压夯实等措施。

人工岛回填区的承载力应满足使用要求；当不满足使用要求时，必须进行处理。

4. 护面

护面为抵御波浪等对岛体的冲蚀而在岛壁外坡上设置的防护层。护面类型包括抛填或安放块石、干砌或浆砌块石、干插条石、安放人工块体、抛填方块等，护面与岛壁抛石之间一般还设有护面垫层。根据 JTS 154—2011《防波堤设计与施工规范》要求，护面设计应分别计算护面块体（块石或人工块体）的稳定重量和护面层的厚度，主要计算要求如下。

1）单个块体重量的计算

在波浪作用下，单个护面块体的失稳过程是很复杂的，因此，应用精确合理的物理力学模式难于确定。一般通过试验研究得出来的计算公式都属于半理论半经验范畴，从现有国内外的研究成果来看，块体失稳有三种形式，即：滑动、滚动、上举脱出。在波浪正向作用下，且堤前波浪不破碎，围堤在计算水位上、下一倍设计波高值之间的护面块体中，单个块体的稳定重量宜按下式计算：

$$W = \frac{\gamma_b H^3}{K_D (S_b - 1)^3 \operatorname{ctan} \alpha} \tag{3-3}$$

$$S_b = \frac{\gamma_b}{\gamma} \tag{3-4}$$

式中　W——单个块体的稳定重量，kN；

　　　γ_b——块体材料的重度，kN/m³；

　　　γ——水的重度，kN/m³；

　　　S_b——块体材料重度与水重度的比值；

　　　H——设计波高，m；

　　　α——斜坡与水平面的夹角，(°)；

　　　K_D——稳定系数，按表 3-8 选取。

表 3-8　稳定系数 K_D

护面形式		$n^{①}$,%	K_D
护面块体	构造型式		
块石	抛填二层	1～2	4.0
	安放一层	0～1	5.5
方块	抛填二层	1～2	5.0
四脚锥体	安放二层	0～1	8.5
四脚空心方块^{②}、栅栏板	安放一层	0	14
扭工字块体	安放二层	0	18
扭王字块体	安放一层	0	18

①n 为护面块体容许失稳率，即计算水位上、下一倍设计波高的护面范围内，容许被波浪打击移动和滚落的块体个数所占的百分比。

②当设计波高大于 4m 时，不宜选用四脚空心方块和栅栏板护面形式。

岛体边线拐折突出部分的块体重量增加 20%～30%。

当岛体位于波浪破碎区时，块体稳定重量均应相应再增加 10%～25%，必要时可通过试验确定。

2）护面层的厚度计算

（1）干砌块石或浆砌块石护面层的厚度计算：

$$h = 1.3 \frac{\gamma}{\gamma_b - \gamma} H \left(K_{md} + K_\delta \right) \frac{\sqrt{m^2 + 1}}{m} \tag{3-5}$$

$$m = \cot\alpha \tag{3-6}$$

式中　h ——干砌块石护面的厚度，m；

　　　H ——计算波高，当 $d/L \geq 0.125$ 时取 $H_{5\%}$；当 $d/L < 0.125$ 时取 $H_{13\%}$，m；

　　　K_{md} ——与斜坡的 m 值和 d/H 值有关的系数，见表 3-9；

　　　K_δ ——波坦系数，见表 3-18；

　　　γ_b ——块体材料的重度，kN/m³；

　　　γ ——水的重度，kN/m³；

　　　m ——坡度系数；

　　　α ——斜坡角度，（°）；

　　　d ——岛前水深，m；

　　　L ——波长，m。

表 3-9　系数 K_{md}

d/H	m		
	1.5	2.0	3.0
1.5	0.311	0.238	0.130
2.0	0.258	0.180	0.087
2.5	0.242	0.164	0.076
3.0	0.235	0.156	0.070
3.5	0.229	0.151	0.067
4.0	0.226	0.147	0.065

表 3-10　波坦系数 K_δ

L/H	10	15	20	25
K_δ	0.081	0.122	0.162	0.202

设置排水孔的浆砌块石护面层厚度可与干砌块石护面层相同。

（2）非砌石护面层厚度计算：

$$h' = nc\left(\frac{W}{\gamma_b}\right)^{1/3} \qquad (3-7)$$

式中　h'——护面层厚度，m；

　　　n——护面块体层数；

　　　c——系数，见表 3-11；

　　　γ_b——块体材料的重度，kN/m^3；

　　　W——单个块体的稳定重量，kN。

表 3-11　系数 c 和护面块体空隙率 P

护面块体	构造型式	c	空隙率 P %	说明
块石	抛填二层	1.0	40	—
	立放一层	1.3～1.4	—	—
四脚锥体	安放二层	1.0	50	—
扭工字块体	安放二层	1.2	60	随机安放
		1.1	60	规则安放
扭王字块体	安放一层	1.3	50	随机安放

3）人工块体个数计算

$$N = Anc(1-P)\left(\frac{\gamma_b}{W}\right)^{2/3} \tag{3-8}$$

式中　N——人工块体个数；

　　　A——垂直于厚度的护面层平均面积，m^2；

　　　P——护面层的空隙率，见表 3-11。

4）混凝土栅栏板护面的特殊要求

（1）栅栏板的厚度。

当坡度系数 $m = 1.5 \sim 2.5$ 时，栅栏板的厚度 h（单位：m）按式（3-9）计算：

$$h = 0.235\frac{\gamma}{\gamma_b - \gamma}\frac{0.61 + 0.13d/H}{m^{0.27}}H \tag{3-9}$$

式中　h——栅栏板的厚度；

　　　γ_b——块体材料的重度，kN/m^3；

　　　γ——水的重度，kN/m^3；

　　　H——设计波高，m；

　　　d——岛前水深，m；

　　　m——坡度系数。

（2）波浪作用在斜坡面上的压强。

在波浪正向作用下，栅栏板上的最大波压力实际值可按式（3-10）计算：

$$P_m = 0.85\gamma H \tag{3-10}$$

式中　P_m——作用于栅栏板面上的最大正向波压强度，kPa。

由此计算出的波压强度值，对栅栏板进行强度复核。

（3）栅栏板平面尺寸确定。

栅栏板的平面形状宜采用长方形（图 3-24），其长边与短边的比值（a_0/b_0）可取为 1.25。栅栏板的平面尺度与设计波高的关系可按下列公式计算：

$$a_0 = 1.25H \tag{3-11}$$

$$b_0 = 1.0H \tag{3-12}$$

式中　a_0——栅栏板长边，沿斜坡方向布置，m；

　　　b_0——栅栏板短边，沿岛体围堰轴线方向布置，m。

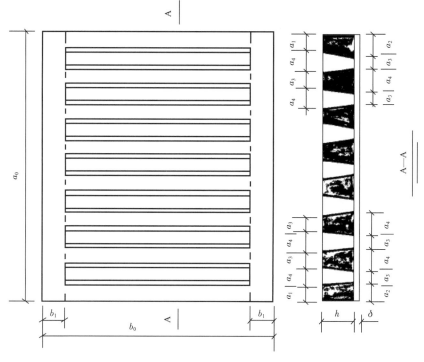

图 3-24 栅栏板结构图

栅栏板的空隙率宜采用 33%～39%，当空隙率采用 37% 时，栅栏板的细部尺度可按下列公式计算：

$$a_1 = \frac{a_0}{15} - \frac{h}{16}, \ a_2 = \frac{a_0}{15} + \frac{h}{16}, \ a_3 = \frac{a_0}{15} - \frac{h}{8}, \ a_4 = \frac{a_0}{15} + \frac{h}{8} \qquad （3-13a）$$

$$b_1 = 0.1b_0 \qquad （3-13b）$$

由于栅栏板在坡面上需要选择合适的模数，因此，如果要调整其平面尺度，可在保持长宽比（$a_0/b_0 = 1.25$）不变的前提下，宽度 b_0 每增加或减少 1m，厚度 h 应相应减少或增加 50mm。δ 按构造要求至少取 100mm。

5）护面垫层

岛壁抛石与护面之间设置护面垫层，以保证在正常使用或施工期间里层块石不被波浪抽出。垫层块石大小一般按几何不透过护面层孔隙的原则确定。垫层块石的重量不应小于护面块体重量的 1/40～1/20，且需校核在施工期波浪作用下的稳定性。垫层的厚度一般至少取二层块石的尺度，可按非砌石护面层厚度公式［式（3-7）］计算。

5. 护底

当人工岛坡脚前波浪底流速大于地基泥沙起动流速时，坡脚海底土壤可能被淘刷，这将危及人工岛的稳定。为了防止海水对人工岛坡脚区域的冲刷，在人工岛周边应设置护底。可采用抛石护底、抛砂袋护底、含有固化剂的固化土袋护底、水下混凝土浇筑护底、软体砂肋排等形式。必要时做冲刷模型试验。

岛前最大波浪底流速宜按式（3-14）计算：

$$v_{\max} = \frac{\pi H}{\sqrt{\dfrac{\pi L}{g} \sinh \dfrac{4\pi d}{L}}}$$

（3-14）

式中 $v_{\max}$ ——围堤前最大波浪底流速，m/s；

　　　g ——重力加速度，m/s²；

　　　H ——设计波高，m；

　　　L ——波长，m；

　　　d ——水深，m。

护底块石的稳定重量，可根据围堤前最大波浪底流速参照表 3-12 确定。

表 3-12 岛前护底块石的稳定重量表

岛前波浪底流速 m/s	护底块石稳定重量 kN	岛前波浪底流速 m/s	护底块石稳定重量 kN
2.0	0.6	4.0	4.0
3.0	1.5	5.0	8.0

护底宽度不应小于 10m，流速和水深较大时宜适当加大。护底块石可采用二层，厚度不宜小于 0.5m。对砂质海底，在护底块石层下宜设置厚度不小于 0.3m 的碎石层或土工织物滤层。

6. 防浪墙

岛面边缘宜设置防浪墙。防浪墙可采用浆砌石结构、预制混凝土结构或现浇混凝土结构。防浪墙应进行强度及稳定性验算。防浪墙顶高程应设在极端高水位以上不小于 1.0 倍波高值处。

防浪墙顶宜设置挑浪嘴。挑浪嘴的结构参考图 3-25。挑浪嘴的宽度 B_c 宜为 0.05~0.10 倍波高（该波高为极端高水位时相应值，其累积频率为 1%），并应根据实际情况进行调整。斜角 θ 应小于 45°。

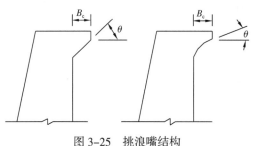

图 3-25 挑浪嘴结构

防浪墙变形缝间距应根据气温情况、结构形式和地基条件确定，宜采用 10~30m。缝宽 2~5cm，做成上下垂直通缝，缝内用弹性材料填充。不设变形缝时，应采取措施防止防浪墙开裂。

1）防浪墙抗滑稳定性

沿墙底抗滑稳定性的承载能力极限状态设计可按式（3-15）计算：

$$\gamma_0\gamma_p P \leqslant (\gamma_G G - \gamma_u P_u)f + \gamma_E E_b \tag{3-15}$$

式中　γ_0——结构重要性系数，按表 3-13 确定；

　　　γ_p——水平波浪力分项系数，按表 3-14 确定；

　　　P——作用在防浪墙海侧面上的水平波浪力标准值，kN；

　　　G——防浪墙自重力标准值，kN；

　　　P_u——作用在防浪墙底面上的波浪浮托力标准值，kN；

　　　γ_G——自重力分项系数，取 1.0；

　　　γ_u——波浪浮托力分项系数，按表 3-14 确定；

　　　f——防浪墙底面摩擦系数设计值，按表 3-15 确定；

　　　γ_E——土压力分项系数，取 1.0；

　　　E_b——防浪墙底面埋深大于等于 1m 时，内侧面地基土或填石的被动土压力，可按有关公式计算并乘以折减系数 0.3 作为标准值，kN。

表 3-13　结构重要性系数 γ_0

安全等级	一级	二级	三级
γ_0	1.1	1.0	0.9

表 3-14　分项系数

组合情况	稳定情况	水平波浪力分项系数 γ_p	波浪浮托力分项系数 γ_u
持久组合	抗滑	1.3	1.1
	抗倾	1.3	1.1
短暂组合	抗滑	1.2	1.0
	抗倾	1.2	1.0

表 3-15　摩擦系数设计值

材料		摩擦系数 f
混凝土与混凝土		0.55
浆砌块石与浆砌块石		0.65
堤底与抛石基床	堤身为预制混凝土或钢筋混凝土结构	0.60
	堤身为浆砌块石结构	0.65
抛石基床与地基土	地基为细砂—粗砂	0.50～0.60
	地基为粉砂	0.40
	地基为砂质粉土	0.35～0.50
	地基为黏土、粉质黏土	0.30～0.45

注：混凝土防浪墙与有伸出钢筋的预制件之间的摩擦系数 f 可采用 1.0。

2）防浪墙抗倾稳定性

沿墙底抗倾稳定性的承载能力极限状态设计表达式如下：

$$\gamma_0\left(\gamma_p M_P + \gamma_u M_u\right) \leqslant \frac{1}{\gamma_d}\left(\gamma_G M_G + \gamma_E M_E\right) \qquad (3-16)$$

式中　γ_0——结构重要性系数，按表 3-13 确定；

γ_p——水平波浪力分项系数，按表 3-14 确定；

M_P——水平波浪力的标准值对防浪墙后趾的倾覆力矩，kN·m；

M_u——波浪浮托力的标准值对防浪墙后趾的倾覆力矩，kN·m；

M_G——防浪墙自重力的标准值对防浪墙后趾的稳定力矩，kN·m；

M_E——土压力的标准值对防浪墙后趾底面的稳定力矩，kN·m；

γ_d——结构系数，取 1.25；

γ_G——自重力分项系数，取 1.0；

γ_u——波浪浮托力分项系数，按表 3-14 确定；

γ_E——土压力分项系数，取 1.0。

7. 岛面结构

岛面高程应取极端高水位加 0.5～1.0m 的安全超高值。岛面宜分区进行竖向布置，使岛面雨水进入排水系统。岛面根据使用要求可为砂石面层、预制混凝土块面层或现浇混凝土面层等。结构层厚度应根据所用材料、岛面荷载、岛内回填情况和使用情况确定。

三、整体稳定性

1. 整体稳定性验算

人工岛整体稳定验算，一般采用圆弧滑动简单条分法验算，水位采用设计低水位和极端低水位，可不计波浪的作用。有软土夹层、倾斜岩面等情况时，采用复合滑动面验算。验算方法可采用总应力法或有效应力法。

1）计算原则

（1）地基稳定验算可按平面问题考虑，整体稳定性一般采用圆弧滑动面验算，假定滑动体是一个刚性整体，滑动面是圆弧面。

（2）稳定分析中的计算方法可采用总应力法或有效应力法，其计算简明，应用广泛。当有条件测得孔隙水压力时，可用有效应力法，其计算较准确。

（3）当考虑渗流对滑动的影响时，渗流力可用替代法计算，即在浸润线以下，设计低水位以上的上体用饱和重度计算滑动力矩，用浮重度计算稳定力矩。

（4）当地基中有软土夹层、倾斜岩面，应用非圆弧滑动面计算抗滑稳定。对于滑动面形状，根据具体情况可采用直线、折线、直线与圆弧的组合线或其他形状的曲线。

2）计算方法

（1）抗剪强度指标的选用。

整体稳定性计算是否正确，首先因素是土的抗剪强度指标选用是否符合工程实际情况。每项工程均应根据各工况下土体的排水条件、应力状态、固结情况等因素，恰当选用固结快剪、快剪、十字板剪、有效剪或无侧限试验测定的抗剪强度指标。对透水性差的黏土地基，当施工速度快，无排水条件时，可用不排水抗剪强度，但不宜采用直剪的快剪强度；对透水性较差的黏性土，若有排水条件，则可用固结快剪；现场十字板剪能较真实地反映土体的结构特点和天然情况，其值随深度呈直线变化，规律性较好，又可考虑不同应力条件、不同时间的固结对强度指标的影响，因而被越来越广泛地采用。值得注意的是，在整理抗剪强度指标试验数据时，应统一取强度峰值，将各级荷载下的抗剪强度 τ_f 分别平均后连线确定土的内摩擦角 φ 和黏聚力 c 值，而不应采用各土样的 φ 和 c 平均值。

（2）计算公式。

① 对不同情况地基的稳定性验算，其危险滑弧均应满足以下极限状态设计表达式：

$$\gamma_0' M_{sd} \leqslant \frac{1}{\gamma_R} M_{Rk} \qquad （3-17）$$

式中　γ_0'——重要性系数，安全等级为一级、二级、三级的建筑物，分别取 1.1，1.0 和 1.0；

M_{sd}——作用于危险滑动面上滑动力矩的设计值，kN·m/m；

γ_R——抗力分项系数；

M_{Rk}——危险滑动面上抗滑力矩的标准值，kN·m/m。

② 土坡和地基的稳定性验算采用复合滑动面法时，计算图示如图 3-26 所示，并应符合下列规定。

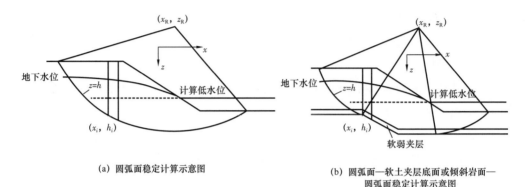

(a) 圆弧面稳定计算示意图   (b) 圆弧面—软土夹层底面或倾斜岩面—圆弧面稳定计算示意图

图 3-26 复合滑动面法计算图示

对持久状况，土的抗剪强度宜采用固结快剪指标，土坡和地基的稳定性可按下列公式计算：

$$M_{sd} = \gamma_s \left[\sum \left(h_i - Z_R \right) \left(W_{ki} + q_{ki} b_i \right) h_i' + M_p \right] \tag{3-18}$$

$$M_{Rk} = \sum \left(h_i - Z_R \right) \left[\left(W_{Aki} + q_{ki} b_i \right) U_i \tan\varphi_{ki} + W_{Bki} \tan\varphi_{ki} + C_{ki} b_i \right] \left(1 + g_i \right) \tag{3-19}$$

$$g_i = -h_i' \frac{x_i - x_R}{h_i - z_R} + \left[h_i' - F_{\varphi i} + \left(1 + h_i' F_{\varphi i} \right) \frac{x_i - x_R}{h_i - z_R} \right] \frac{2h_i' - F_{\varphi i} + h_i'^2 F_{\varphi i}}{\left(1 + F_{\varphi i}^2 \right) \left(1 + h_i'^2 \right)} \tag{3-20}$$

$$F_{\varphi i} = \tan\varphi_{ki} / \gamma_R \tag{3-21}$$

式中 M_{sd}——作用于危险滑动面上滑动力矩的设计值，kN·m/m；

       γ_s——综合分项系数，可取 1.0；

       x_i，h_i——第 i 土条滑动面上中点的水平、垂直坐标值，m；

       x_R，z_R——取矩点的水平、垂直坐标值，m；

       W_{ki}——第 i 土条重力标准值（可取均值），零压线以下用浮重度计算，当有渗流时，计算低水位以上零压线以下用饱和重度计算，kN/m；

       q_{ki}——第 i 土条顶面作用的可变作用标准值，应按现行行业标准《港口工程荷载规范》（JTS 144-1）确定，kN/m²；

       b_i——第 i 土条宽度，m；

h'_i——第 i 土条滑动面上中点的滑动面一阶导数值；

M_p——其他原因，如作用于直立式防波堤的波浪力标准值引起的滑动力矩，kN·m/m；

M_{Rk}——危险滑动面上抗滑力矩的标准值，kN·m/m；

W_{Aki}——第 i 土条填土重力标准值，可取均值，零压线以下用浮重度计算，kN/m；

U_i——第 i 土条滑动面上的应力固结度；

φ_{ki}，C_{ki}——分别为第 i 土条滑动面上的固结快剪内摩擦角（°）和黏聚力（kPa）标准值（可取均值）；

W_{Bki}——第 i 土条原地基土重力标准值（可取均值），零压线以下用浮重度计算，kN/m；

γ_R——抗力分项系数。

当有条件时，土坡和地基的稳定性验算可用有效应力法。有效剪强度指标宜用量测孔隙水压力的三轴固结不排水剪试验测定，也可用直剪仪进行慢剪试验测定。其 M_{sd} 仍可按式（3-16）计算，M_{Rk} 可按下列公式计算：

$$M_{Rk} = \sum (h_i - Z_R)\left[\left(W_{ki} + q_{ki}b_i - u_{ki}b_i\right)\tan\varphi'_{ki} + C'_{ki}b_i\right](1+g_i) \tag{3-22}$$

$$g_i = -h'_i\frac{x_i - x_R}{h_i - z_R} + \left[h'_i - F_{\varphi i} + \left(1 + h'_iF_{\varphi i}\right)\frac{x_i - x_R}{h_i - z_R}\right]\frac{2h'_i - F_{\varphi i} + h_i'^2 F_{\varphi i}}{\left(1 + F_{\varphi i}^2\right)\left(1 + h_i'^2\right)} \tag{3-23}$$

$$F_{\varphi i} = \tan\varphi'_{ki} / \gamma_R \tag{3-24}$$

式中 M_{Rk}——危险滑动面上抗滑力矩的标准值，kN·m/m；

x_i，h_i——第 i 土条滑动面上中点的水平、垂直坐标值，m；

x_R，z_R——取矩点的水平、垂直坐标值，m；

W_{ki}——第 i 土条重力标准值（可取均值），零压线以下用浮重度计算，kN/m；

q_{ki}——为第 i 土条顶面作用的可变作用标准值，应按现行行业标准《港口工程荷载规范》（JTS 144-1）确定，kN/m²；

b_i——第 i 土条宽度，m；

u_{ki}——第 i 土条滑动面上的孔隙水压力标准值（可取均值），kPa；

φ'_{ki}，C'_{ki}——第 i 土条滑动面上的有效剪内摩擦角（°）和黏聚力（kPa）标准值（可取均值）；

h'_i——第 i 土条滑动面上中点的滑动面一阶导数值；

γ_R——抗力分项系数。

当采用十字板剪或三轴不固结不排水剪等总强度计算时，M_{sd} 和 M_{Rk} 可按式（3-16）和式（3-17）计算，但相应土体的强度指标应采用十字板强度或其他总强度指标取代，且 $U_i=1.0$，并可考虑因土体固结引起的强度增长。

根据土坡和地基情况应采用圆弧面或其他相适应的滑动面，均应满足下列要求。

采用圆弧面时式（3-18）中的 g_i 由下式取代：

$$g_i = \frac{\left(h_i' - F_{\varphi i}\right)^2}{1 + F_{\varphi i}^{\ 2}} \qquad (3-25)$$

有软土夹层或倾斜岩面等情况时，采用圆弧面—软土夹层底面或倾斜岩面—圆弧面。

③ 土坡和地基的稳定性验算采用圆弧滑动简单条分法时，滑动力矩设计值可按式（3-16）计算，抗滑力矩标准值计算应符合下列规定。

对持久状况，土的抗剪强度宜采用固结快剪指标，M_{Rk} 可按式（3-26）计算：

$$M_{Rk} = \sum \left(h_i - z_R\right)\left[\left(W_{Aki} + q_{ki}b_i\right)U_i\tan\varphi_{ki} + W_{Bki}\tan\varphi_{ki} + C_{ki}b_i\left(1 + h_i'^2\right)\right] \qquad (3-26)$$

式中　　M_{Rk}——危险滑动面上抗滑力矩的标准值，kN·m/m；

h_i——第 i 土条滑动面上中点的垂直坐标值，m；

z_R——圆心的垂直坐标值，m；

W_{Aki}——第 i 土条填土重力标准值（可取均值），零压线以下用浮重度计算，kN/m；

W_{Bki}——第 i 土条原地基土重力标准值（可取均值），零压线以下用浮重度计算，kN/m；

q_{ki}——为第 i 土条顶面作用的可变作用标准值，kN/m²；

b_i——第 i 土条宽度，m；

U_i——第 i 土条滑动面上的应力固结度；

φ_{ki}，C_{ki}——第 i 土条滑动面上的固结快剪内摩擦角（°）和黏聚力（kPa）标准值（可取均值）；

h_i'——第 i 土条滑动面上中点的滑动面一阶导数值。

当采用十字板剪或三轴不固结不排水剪等总强度计算时，M_{sd} 和 M_{Rk} 可按式（3-16）和式（3-24）计算，但相应土体的强度指标应采用十字板强度或其他总强度指标取代，且 $U_1=1.0$，并可考虑因土体固结引起的强度增长。

当饱和软黏土较深厚且十字板剪强度随深度增长规律明显，可按 JTS 147—2017《水运工程地基设计规范》附录 J 的方法回归土的抗剪强度指标（c，φ），采用圆弧滑动简单条分法验算土坡稳定。

有条件采用有效应力法验算圆弧滑动稳定性时，滑动力矩的设计值可按式（3-16）计算。滑动面上的抗滑力矩 M_{Rk} 的标准值可按下式计算；

$$M_{Rk} = \sum (h_i - Z_R) \left[(W_{ki} + q_{ki}b_i - u_{ki}b_i)\tan\varphi'_{ki} + C'_{ki}b_i \right] \frac{1 + h'^2_i}{1 + h'_i \tan\varphi_{ki} / \gamma_R} \qquad (3-27)$$

式中　M_{Rk}——危险滑动面上抗滑力矩的标准值，kN·m/m；

　　　h_i——第 i 土条滑动面上中点的垂直坐标值，m；

　　　z_R——圆心的垂直坐标值，m；

　　　W_{ki}——第 i 土条重力标准值（可取均值），零压线以下用浮重度计算，kN/m；

　　　q_{ki}——为第 i 土条顶面作用的可变作用标准值，kN/m²；

　　　b_i——第 i 土条宽度，m；

　　　u_i——第 i 土条滑动面上的孔隙水压力标准值（可取均值），kPa；

　　　φ'_{ki}，C'_{ki}——第 i 土条滑动面上的有效剪内摩擦角（°）和黏聚力（kPa）标准值（可取均值）；

　　　h'_i——第 i 土条滑动面上中点的滑动面一阶导数值；

　　　φ_{ki}——第 i 土条滑动面上的固结快剪内摩擦角（°）标准值（可取均值）；

　　　γ_R——抗力分项系数。

④ 土坡和地基稳定的短暂状况验算时，土的抗剪强度宜采用十字板剪强度指标；有经验时也可采用无侧限抗压强度指标、三轴不固结不排水剪强度指标直剪快剪强度指标。

对各设计状况，稳定性验算采用的强度指标、计算公式及各种计算的说明可按表3-16采用。

对有桩的土坡和地基，稳定性验算不宜计入桩的抗滑作用。验算有波浪力作用的直立式建筑物地基稳定性时，应计入波浪力的作用，透水式斜坡堤可不考虑波浪力的作用。板桩码头和对拉板桩进海路、人工岛应验算滑动面通过桩尖时的稳定性，如桩尖下有软土层时，尚应验算滑动面通过软土层时的稳定性。

当验算局部有较大荷载、滑动范围受限制或局部有软土层的局部范围的稳定时，可计入滑动体侧面摩阻对抗滑力矩标准值的影响，抗力分项系数可按 JTS 147—2017《水运工程地基设计规范》附录 K 进行修正。

3）抗力分项系数要求

持久状况计算应综合考虑强度指标的可靠性、结构安全等级和地区经验等因素，抗力分项系数最小值应满足表3-16的规定；施工期的稳定性等短暂状况计算，最小抗力分项系数最小值宜取表3-16中的低值，但验算打桩岸坡的稳定性，宜取较高值。

表 3-16　不同设计状况和强度指标对应的稳定性计算公式及抗力分项系数 γ_R

设计状况	强度指标	M_{sd} 和 M_{Rk} 计算公式	γ_R	说明
持久状况	直剪固结快剪或三轴固结不排水剪	式（3-16）、式（3-17）	黏性土坡 1.2~1.4	固结度与计算情况相适应
			其他土坡 1.3~1.5	
		式（3-16）、式（3-24）	1.1~1.3	
	有效剪	式（3-16）、式（3-20）	1.3~1.5	孔隙水压力采用与计算情况相应数值
		式（3-16）、式（3-25）		
	十字板剪	式（3-16）、式（3-17）	1.2~1.4	考虑因土体固结引起的强度增长
		式（3-16）、式（3-24）	1.1~1.3	
	无侧限抗压强度、三轴不固结不排水剪	式（3-16）、式（3-17）	根据经验值	
		式（3-16）、式（3-24）		
短暂状况	十字板剪	式（3-16）、式（3-17）	1.2~1.4	可考虑因土体固结引起的强度增长
		式（3-16）、式（3-24）	1.1~1.3	
	无侧限抗压强度、三轴不固结不排水剪	式（3-16）、式（3-17）	根据经验值	
		式（3-16）、式（3-24）		
	直剪快剪	式（3-16）、式（3-17）	根据经验值	—
		式（3-16）、式（3-24）		

4）保证边坡稳定的措施

设计时应保证岸坡在任何情况下，包括施工期、使用期和地震时都是稳定的。计算情况要完整，施工措施要明确，施工程序要控制。施工时应采用利于土坡稳定的施工方法和施工程序。

设计过程中，若初步采用的土坡稳定性不能满足，则应根据具体情况进行比较，选用合理措施。常用的措施有放缓岸坡、铺设排水垫层、增设竖向排水通道、设置减载平台、加设反压马道、分期施加堆货荷载、控制加载速率等，以保证施工期和使用期的土坡稳定。对软土，特别是敏感度较高的软土，应放慢加荷速率，以防失隐。在施工中应加强观测，控制沉降和位移，一旦出现失稳迹象时，应及时采取措施，如削坡、坡顶减载、坡脚压载、井点排水等。当在坡顶或坡后吹填时，应采取有效的排水措施以减少水头差，防止因动水压过大而失稳。弃土应远离坡肩，以减少滑动力。

2. 沉降量计算

可只计算持久状况长期组合情况下的地基最终沉降量。作用组合中，永久作用应采用标准值，可变作用应采用准永久值，水位宜用设计低水位。有边载时应考虑边载的影响。可变作用仅考虑堆货荷载，堆货荷载准永久值系数采用 0.6，全部作用分项系数均采用 1.0。

地基最终沉降量可用实测沉降过程线推算。也可按式（3-28）计算：

$$S_{d\infty} = m_s \sum \frac{e_{1i} - e_{2i}}{1 + e_{1i}} h_i \qquad (3-28)$$

式中 $S_{d\infty}$——地基最终沉降量设计值，cm；

h_i——第 i 土层的厚度，cm；

e_{1i}，e_{2i}——第 i 层受到平均自重压力设计值（σ_{cdi}）和平均最终压力设计值（$\sigma_{cdi} + \sigma_{zdi}$）压缩稳定时的孔隙比设计值，可取均值；

σ_{cdi}——第 i 层顶面与底面的地基自重压力平均值的设计值；

σ_{zdi}——第 i 层顶面与底面的地基垂直附加应力平均值的设计值；

m_s——经验修正系数，按地区经验选取，无地区经验时，可按表 3-17 选取。

表 3-17　经验修正系数

土的侧限变形模量，MPa	$E_s \leq 4$	$4 < E_s \leq 7$	$7 < E_s \leq 15$	$15 < E_s \leq 20$	$E_s > 20$
m_s	1.3	1.0	0.7	0.5	0.2

地基压缩层的计算深度 Z_n 宜符合式（3-29）的要求：

$$\sigma_z = 0.2\sigma_c \qquad (3-29)$$

式中 σ_z—— Z_n 处地基垂直附加应力设计值，kPa；

σ_z—— Z_n 处地基自重压力设计值，kPa。

四、地基处理

海上油气开发人工岛的选址主要依据油气资源分布、钻井方案、集输方案等确定，地基条件一般难以在人工岛选址中充分考虑，但其对人工岛的安全性、可靠性及工程造价都有极大的影响，人工岛设计时需重点关注地基条件，提出合理的处理措施。

为保证人工岛的安全、整体稳定或消除沉降、提高地基承载力、满足一般机械设备进场要求，需对人工岛的原海床或岛心进行地基处理。由中国石油建设的辽河油田人工岛、大港油田人工岛下部地基均为淤泥质软土，结合工程特点，两油田均采用塑料排水板堆载预压法处理地基，提高地基承载力和保证岛体整体稳定；冀东油田人工岛已建成的 5 座人工岛采用水力吹填砂形成，在地震的作用下会发生液化，采用振冲密实法进行岛心地基处理。

1. 常用方法介绍

人工岛建设中主要的地基处理方法有：堆载预压法、真空预压法、振冲置换法、水下深层水泥搅拌法、换填垫层法、强夯法、振冲密实法、

1）堆载预压法

堆载预压法是指对地基进行堆载加荷，使地基土排水固结的地基处理方法。堆载预压法适用于处理淤泥质土、淤泥和冲填土等饱和黏性土地基。

软土厚度不大，或含有较多薄粉砂夹层，在设计荷载作用下，其固结速率能满足工期要求时，可只设置排水砂垫层，进行堆载预压。水下排水砂垫层的厚度不宜小于 1m，采用土工织物袋内充砂时可适当减小。排水砂垫层的砂料可采用含泥量不大于 5% 的中、粗砂。

当软土厚度较大时，应设置竖向排水体（包括普通砂井、袋装砂井或塑料排水板等）进行堆载预压设计。普通砂井直径宜取 300～400mm，袋装砂井直径宜取 70mm。塑料排水板宽度宜为 100mm，厚度宜为 3.5～5mm。设计内容主要包括：

（1）选择竖向排水体的型式，确定其断面尺寸、间距、排列方式和深度；

（2）确定加载大小、范围、分级、加荷速率、预压或分级预压时间和卸载标准。

竖向排水体长度应根据工程要求和土层情况等确定。软土厚度不大时，竖向排水体可贯穿软土层；软土厚度较大时，应根据稳定或沉降的要求确定；对以地基稳定性控制的工程，竖向排水体深度至少应超过危险滑动面以下 3m。

加载速率应与地基土的强度增长相适应。当天然地基土的强度满足预压荷载下地基的稳定性要求时，可一次性加载；否则，应分级逐渐加载，待前期预压荷载下地基土的强度增长满足下一级荷载下地基的稳定性要求时方可加载。

采用堆载预压法进行地基处理时，需进行地基固结度、强度增长等计算。

2）真空预压法

真空预压法是指利用抽真空的方法，使土体中形成一个局部的负压源，通过降低砂井或排水板中的孔隙水压力而使土体中的孔隙水排出，从而增加有效应力来压密土体的地基加固方法。如图 3-27 所示，首先在原地基上打设塑料排水板或砂井作为竖直排水体，然后在地基表面铺垫一定厚度的砂垫层，在砂垫层中铺设排水滤管。将不透气的薄膜铺设在砂垫层之上，薄膜四周埋入土中，通过埋设在砂垫层中的排水滤管将膜下砂垫层中的空气

抽出，从而使砂垫层和排水板中形成负的真空压力，使排水板和周围土体之间形成孔压差，土体中的孔隙水在压力差的作用下渗流到排水板中，通过排水滤管排出土体，以达到固结的目的。真空预压系统由抽真空系统、排水排气系统和密封系统三部分组成，根据目前的施工经验，膜下真空度可以维持在85～95kPa，一般的可取80kPa作为设计压差。当固结度达到一定的设计要求时停止抽真空。

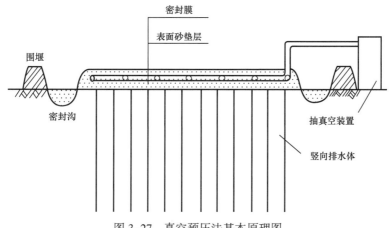

图3-27 真空预压法基本原理图

真空预压法适用于软弱黏土地基的加固，尤其是用于加固新近吹填软土。目前，真空预压法作为一种相对成熟的施工工艺已广泛应用于沿海地区围海造陆工程实践，取得良好的经济效益。其主要具有以下优点：

（1）区别于堆载预压，抽真空形成的压差所产生的荷载，不会使土体产生剪应力，故地基不会发生失稳破坏，载荷可一次快速施加，加固速度快，施工工期短；

（2）加固过程中，土体除产生竖向压缩外，还伴随向着加固区的侧向收缩，加固后土的密实度较堆载预压高，处理深厚软基效果更好；

（3）施工工艺、机具和设备简单，能耗低，作业效率高，加固费用低，适用于大规模地基加固；

（4）不需要大量堆载材料，施工中无噪声、无振动、不污染环境；

（5）更适用于狭窄地段、边坡附近的地基加固等。

3）振冲置换法

振冲置换法是指在振冲器水平振动和高压水的共同作用下，使松砂土层振密，或在软弱土层中成孔，然后回填与原地基土不同的粗粒料回填振冲孔形成桩柱，并和原地基土组成复合地基的地基处理方法。振冲置换法适用于处理砂土、粉土、粉质黏土、素填土和杂填土等地基。对于处理不排水抗剪强度不小于20kPa的饱和黏性土，应在施工前通过现场试验确定其适用性。

桩位布置形式宜用等边三角形布置。桩的间距应根据荷载大小和土层情况，结合振冲器功率综合考虑，可采用 1.3～4.0m。桩的直径，应根据设计所需的面积置换率和桩间距确定，宜采用 0.8～1.5m。振冲桩桩长不宜小于 6m。软弱土层较薄时，桩长应按穿过软弱土层至相对硬层确定；软弱土层深厚时，应按地基的变形允许值确定；以稳定性控制的工程，桩应穿过危险滑动面以下至少 3.0m；当为可液化的地基时，桩长应满足抗震要求。

桩体材料，宜采用含泥量不大于 5% 的碎石，结合当地材料来源也可用卵石、角砾、圆砾等硬质材料，不宜选用风化易碎石料。常用填料粒径按表 3-18 选取且不应采用单一粒径填料。

表 3-18　填料粒径与振冲器选择

振冲器功率，kW	填料粒径，mm	振冲器功率，kW	填料粒径，mm
30	20～80	75	40～150
55	30～100	130	50～200

采用振冲置换法进行地基处理，在进行整体边坡稳定性计算时，复合土体抗剪强度值应进行计算确定。

4）水下深层水泥搅拌法

水下深层水泥搅拌法是指利用专用的水下深层搅拌机，将预先制备好的水泥浆等材料注入水下地基土中，并与地基土就地强制搅拌均匀形成拌和土，利用水泥的水化及其与土粒的化学反应获得强度而使地基得到加固的方法。

淤泥、淤泥质土和含水率高且地基承载力标准值低于 120kN 的黏性土等软基加固及海上施工环保要求高、海水养殖损失索赔高的工程，其软基加固宜采用水下深层水泥搅拌法。当采用水下深层水泥搅拌法处理偏酸性软土、泥炭土和腐殖质或有机质含量较高的软土、地下水具有侵蚀性的软基时，应在工程建设前通过试验分析其加固效果。

在进行水下深层水泥搅拌法加固软土地基设计和施工前，应进行现场调查和室内配合比试验。现场调查应包括土质、水质、水文气象、障碍物和环境等内容。室内配合比试验，应包括水泥品种、水泥掺量和水灰比的确定，外加剂品种及掺量的确定，拌和土各龄期强度的试验等内容。室内配合比试验应采用加固工程的地基土、拌和用水和工程拟采用的水泥和外加剂进行。

水下深层水泥搅拌法加固软土地基的拌和体分为块式或壁式两种形式，断面形状为矩形的拌和体为块式拌和体，断面由长壁和短壁组成梳子状的拌和体为壁式拌和体，具体工程采用哪种形式，需通过技术经济比较来确定。拌和体的宽度应根据稳定性和地基承载力的要求确定。拌和体的深度和前肩宽度应根据强度、稳定性和地基承载力的要求确定。

拌和土的抗压强度标准值应根据施工工期长短，取室内配合比试验拌和土 90d 或 120d 龄期的无侧限抗压强度。拌和土桩的直径一般不小于 1.0m。相邻拌和土桩的搭接宽度不应小于桩径的 1/6，且不得小于 200mm。当拌和体作为重力式结构基础时，拌和体顶部应设有抛石基床，抛石基床各部位的厚度不应小于 0.5m，且不应大于 1.5m。

5）换填垫层法

换填垫层法是指挖去地表浅层软弱土层或不均匀土层，回填坚硬、较粗粒径的材料，并夯压密实，形成垫层的地基处理方法。换填垫层法适用于浅层软弱地基及不均匀地基的处理。换填垫层法的处理深度常控制在 3～5m 范围以内。若换填垫层太薄，其作用不甚明显，因此处理深度也不应小于 0.5m。

换填垫层处理软土地基，其作用主要体现在以下几个方面：提高浅层地基承载力；减少地基的变形量；加速软土层的排水固结；防止土的冻胀。

换填垫层石料可选用碎石、卵石、角砾、圆砾、砾砂、粗砂、中砂或石屑，应级配良好，不含植物残体、垃圾等杂质。

由分层铺设的土工合成材料与地基土构成加筋垫层。所用土工合成材料的品种与性能及填料的土类应根据工程特性和地基土条件确定。作为加筋的土工合成材料应采用抗拉强度较高、受力时伸长率不大于 5%、耐久性好、抗腐蚀的土工格栅、土工格室、土工垫或土工织物等土工合成材料。

采用换填砂垫层法进行地基处理时，需进行垫层厚度、宽度及承载力计算。

6）强夯法

强夯法是指反复将夯锤提到高处使其自由落下，给地基以冲击和振动能量，将地基土夯实的地基处理方法。强夯法适用于处理面积较大人工岛的岛芯回填部分。处理的材料为碎石土、砂土、低饱和度的粉土与黏性土、素填土和杂填土等。

单击夯击能应根据要求的加固深度经现场试夯或当地经验确定，缺少试验资料或经验时，按式（3-30）计算，或按表 3-19 预估。

$$H \approx \alpha \sqrt{\frac{Mh}{10}} \qquad (3-30)$$

式中　H——强夯的有效加固深度，m；

　　　M——锤重，kN；

　　　h——落距，m；

　　　α——经验系数，一般采用 0.4～0.7，具体数值可通过试验确定。

表3-19　强夯法的有效加固深度

单击夯击能，kN·m	有效加固深度，m	
	碎石土、砂土等粗颗粒土	粉土、黏性土等细颗粒土
1000	4.0～5.0	3.0～4.0
2000	5.0～6.0	4.0～5.0
3000	6.0～7.0	5.0～6.0
4000	7.0～8.0	6.0～7.0
5000	8.0～8.5	7.0～7.5
6000	8.5～9.0	7.5～8.0
8000	9.0～9.5	8.0～8.5
10000	9.5～10.0	8.5～9.0
12000	10.0～11.0	9.0～10.0
15000	13.5～14.0	13.0～13.5
18000	14.5～15.5	—

注：强夯法的有效加固深度应从最初起夯面算起。单击夯击能 E 大于12000kN·m时，强夯的有效加固深度应通过试验确定。

夯点位置可根据基底平面形状，采用正方形或梅花形布置。间距宜为5～10m。

单点夯击击数应根据现场试验中得到的最佳夯击能确定。单击夯击能小于4000kN·m时，最后两击的平均夯沉量不应大于50mm；单击夯击能为4000～6000kN·m时，不应大于100mm；单击夯击能为6000～8000kN·m时，不应大于150mm；单击夯击能为8000～12000kN·m时，不应大于200mm；单击夯击能大于12000kN·m时，应通过试验确定。

夯击遍数应根据地基土的性质确定，宜采用2～4遍，对于渗透性较差的细颗粒土，必要时夯击遍数可适当增加。后一遍夯点应选在前一遍夯点间隙位置，最后再以低能量满夯1～2遍，满夯可采用轻锤或低落距锤多次夯击，锤印搭接。

两遍之间的间歇时间应根据土中超静孔隙水压力消散时间确定，缺少实测资料时，可根据地基土的渗透性确定。对于渗透性差的黏性土，两遍之间的间歇时间不宜少于3～4周，粉土地基间歇时间不宜少于2周，对于碎石土及砂土等渗透性好的土可连续夯击。

7）振冲密实法

在振冲器水平振动和高压水的共同作用下，采用在成孔中加与地基土相同的填料或不加填料的振密工艺对松砂土层进行振密的地基处理方法。振冲密实法适合处理人工岛上部回填。不加填料振冲密实法适用于处理黏粒含量不大于10%的中砂、粗砂地基。

处理土层较薄时，振冲深度应穿过需处理土层至相对硬层确定；处理土层深厚时，应按地基的变形允许值和满足地基稳定性确定振冲深度；当为可液化的地基时，处理深度应满足地基强度、变形和抗震要求。

振冲点宜按等边三角形或正方形布置，其间距应根据土的颗粒组成、要求达到的密实程度、水位和振冲器功率等有关因素，在2.0～3.0m范围内选取，并应通过现场试验验证后确定。

当需填料时，每一振冲点所需的填料量应根据地基土要求达到的密实程度和振冲点间距，通过现场试验确定。填料宜用质地坚硬的碎石、卵石、角砾、圆砾、砾砂、粗砂等材料，粒径宜小于50mm。

振冲加密宜进行现场工艺试验，确定振密的可能性、振密电流值、留振时间、提升高度、振冲水压力和振后土层的物理力学指标等。

人工岛地基处理方法应根据土质条件、回填或冲填条件、人工岛上部结构类型及适应变形能力、施工条件、材料来源和处理费用等因素，经综合分析比较选定，必要时也可选择两种或多种地基处理方法联合应用。常用的地基处理方法适用土质情况见表3-20。

表3-20 常用地基处理方法适用土质情况一览表

地基处理主要方法		适用土质情况
换填法	换填砂垫层法	换填厚度不宜大于4m的软土
	土工合成材料垫层法	软土地基
	抛石挤淤法	厚度小于5m的淤泥或流泥
堆载预压法、真空预压法		淤泥、淤泥质土、冲填土等饱和黏土地基
强夯法		松软的碎石土、砂土、低饱和度的粉土与黏性土、素填土和杂填土
振冲置换法		砂土、粉土、粉质黏土、素填土和杂填土。对于不排水抗剪强度小于20kPa的饱和黏性土应通过试验确定其适用性
振冲密实法		砂土及各类散粒材料的填土
水下深层水泥搅拌法		淤泥、淤泥质土和含水率较高且地基承载力不大于120kPa的黏性土地基
爆破挤淤		淤泥软土地基，置换的软基厚度宜在4～20m

2. 地基处理设计

1）前期工作

在选择地基处理方案前，应完成下列工作：

（1）搜集详细的水文气象资料、岩土工程勘察资料、上部结构及基础设计资料等；

（2）根据工程的要求和采用天然地基存在的主要问题，确定地基处理的目的、处理范围和处理后要求达到的各项技术经济指标等；

（3）结合工程情况，了解当地地基处理经验和施工条件，对于有特殊要求的工程，尚应了解其他地区相似场地上同类工程的地基处理经验和使用情况等；

（4）调查航道、海底管线等情况。

2）岩土工程勘察

在地基处理设计前，应进行岩土工程勘察，主要掌握以下资料：

（1）土层的厚度及变化规律；

（2）各土层的一般物理力学指标，包括天然含水率、天然重度、相对密度、孔隙比、饱和度、液塑性指标、抗剪指标、压缩系数、无侧限抗压强度等；

（3）对于软土层，还需要渗透系数、固结系数、天然压密状态、压缩性指标、先期固结压力、现场十字板剪切强度及灵敏度、砂夹层等资料；

（4）每个岩土体单元各项室内和现场测得的岩土试验指标的统计试样均不应少于6个。

3）设计要点

（1）根据荷载大小及使用要求，结合地形地貌、地层结构、土质条件、水深水位和环境情况等因素进行综合分析，初步选出几种可供考虑的地基处理方案，包括选择两种或多种地基处理措施组成的综合处理方案。

（2）对初步选出的各种地基处理方案，分别从加固原理、适用范围、预期处理效果、耗用材料、施工机械、工期要求和对环境的影响等方面进行技术经济分析和比较，选择最佳的地基处理方法。

（3）对已选定的地基处理方法，宜按人工岛地基基础设计等级和场地复杂程度，在有代表性的场地上进行相应的现场试验或试验性施工，并进行必要的测试，以检验设计参数和处理效果。

（4）如达不到设计要求时，应查明原因，修改设计参数或调整地基处理方法。

（5）进行地基处理设计时，应进行地基承载力、变形和整体稳定性验算。

第七节　施工技术要求

一、总体施工技术要求

（1）对岛壁断面方向施工速率的控制，以确保围堤稳定为原则，具体根据原型观测成果调整。袋装砂棱体应平行施工，禁止单日上下层连续施工。上下层施工间隔时间不宜少于7天。分级填筑、均匀抬高，使地基固结速度与加载速率相适应，确保整体稳定。

（2）对吹（回）填施工速率的控制，以确保围堤稳定为原则，应分层吹填、分层加高，具体根据设计要求和原型观测成果确定。

（3）根据工程经验，为保证施工安全，控制日沉降量打设排水板区域不大于 30mm，未打设排水板区域不大于 10mm；日位移量打设排水板区域不大于 10mm，未打设排水板区域不大于 5mm。若出现接近上述峰值情况时，应加测 2~3 次 /d，并降低施工速率。若连续几次出现接近上述峰值情况时，应立即停止加荷，停止加荷后继续出现接近峰值时，则应会同设计考虑相应措施。

（4）根据工程经验，施工期间堤顶上不可堆载，材料堆载应距离堤顶 50~100m 安全距离；施工便道上的车辆荷载不得超过 5kN/m^2。

（5）为保障施工水域内施工船只、水上水下设施和人员安全，避免破坏施工区域的环境，必须特别重视和加强生产安全。施工船只进场、施工作业时，要严格遵守海上交通、环保法律法规和航道管理以及海事管理部门的有关规定。

二、关键分项施工技术要求

1. 袋装砂堤身

（1）袋装砂棱体应分层充填，每层（充填）厚度一般为 0.4~0.75m，袋装砂袋体应堆叠整齐，上下层交叉排列，袋体之间应紧靠、挤密，不得出现通缝。

（2）袋装砂铺设：为确保充填袋铺设质量及效率，要求 -2.0m 高程以下的袋装砂必须采用专用铺排船铺设。

（3）袋装砂棱体外坡台阶采用袋装碎石或二片石铺设时自然找平，不得采用小充填袋找平，严禁采用破袋削坡方法修整。

（4）棱体形成后，应尽快进行反滤层、抛石垫层及护面、抛石护底的施工，形成一段，保护一段。

（5）袋装砂棱体的袋布在制作、运输、堆放和铺设过程中，应注意保护，不得出现破损和老化现象，否则应及时采取补救措施

2. 抛石堤身、垫层及护底

（1）石料要求质地坚硬、无风化剥落和裂纹、抗风化能力较强。

（2）抛石堤身施工时按设计断面进行陆上分层填筑，每层厚度为 1.0~2.0m，加载速率为 7~10 层 /d。

（3）对于厚度控制的抛石护底，抛石厚度均匀，平均厚度不小于设计厚度，不得出现空挡或漏抛。

（4）对于坡度和标高控制的抛石护底，坡面坡度和标高应满足设计要求。

（5）抛石垫层：抛石垫层的坡度应符合设计要求，平均厚度不小于设计厚度，抛石表面应理砌，块石间应契合紧密。

3. 护面人工块体

预制人工块体的模板应表面光滑、结构坚固和不易变形。人工块体模板宜采用拼装式钢模板或拼装式混合模板（混凝土底模和钢质顶模）。采用封闭式的钢模板预制的人工块体，当顶部表面产生气泡时，应在混凝土初凝前用原浆抹一遍、压两遍。预制人工块体重量的允许偏差应为 ±5%。

人工块体吊运时的混凝土强度应符合起吊强度的要求。安放人工块体时，应考虑风浪的影响，采取分段施工，及时覆盖垫层块石。安放人工块体前、应检查垫层的坡度和表面平整情况，不符合要求时，应进行修整。

扭王字块体采用定点随机安放时，可先按设计块数的95%计算网点的位置进行安放，完成后应进行检查或补漏。块体在坡面上可斜向放置，并使块体的一半杆件与垫层接触，但相邻块体摆向不宜相同。

四脚空心方块和栅栏板的安放，块体间应互相靠紧使其稳固，但不宜用二片石支垫，坡面与坡肩连接处的三角缝可用块石等填塞。垫层块石整平宜用块石铺砌，其允许偏差：水上施工部位为 ±5cm；水下部位为 ±10cm。

扭工字形块体和四脚锥体，施工安放数量与设计数量的允许偏差为 ±5%。四脚空心方块的安放，相邻块体最大高差不大于150mm，砌缝最大宽度不大于100mm。

安放块石的护面层的石料外形应方正，长边尺寸不宜小于护面层的设计厚度，石料重量应不小于设计的重量。安放块石护面层时，90%以上的护面层厚度应不小于设计厚度；块石间互相靠紧，其最大缝隙宽度不宜大于垫层块石最小粒径的2/3；坡面上不得有垂直于护面层的通缝。

干砌块石的护面层应采用立砌、块石的长边尺寸应不小于护面层的设计厚度。干砌块石应紧密嵌固，相互错缝，表面平顺，块石与垫层相接处的空隙应从被面内侧用二片石填紧。

浆砌块石的护面层块石间应不直接接触，砌缝的砂浆应饱满，并应进行勾缝。断面尺寸应不小于设计值。浆砌石石块应平砌，每层石料厚度应大致相同，上下层竖绕错开距离应不小于8cm。

4. 岛芯吹填

人工岛回填时，可根据填芯面积大小分区块吹填，也可整体同时吹填。但应根据填芯高度和设计要求分层吹填。吹泥管口距倒滤层坡脚距离应不小于5m，必要时可进行吹填试验确定。在人工岛附近水域取土吹填时，应按设计要求控制取土地点与人工岛之间的最小距离和取土深度。吹填过程中，应对填土高度、岛壁内外水位、沉降进行观测。如岛壁变形较大有危险迹象时，应立即停止吹填，并采取有效措施。

三、施工观测与检测

1. 观测内容及频次

一般主要观测内容包括地表沉降位移观测、分层沉降观测、测斜观测、地基孔隙水压力观测及吹填区沉降观测，或其他工程区需要观测的项目，如水位、吹填泥面、堤外滩面观测及龙口断面观测等。

观测频次：观测仪器安放后开始观测，施工期每日一次，当出现异常情况时应加测，吹填结束后3个月内每周一次，3个月后可减少为每月一次。若出现观测值接近控制标准，则应加测至2～3次/d，并及时报告建设、设计及监理单位。

2. 检测内容及频次

检测包括施工建筑材料检测和交工验收时工程质量检测。主要建筑材料如土工织物、充填砂、混凝土等检测内容及批次需参照 JTS 257—2008《水运工程质量检验标准》执行。

四、验收要求

人工岛工程验收一般参照 JTS 257—2008《水运工程质量检验标准》执行。

1. 岛壁验收项目

岛壁主要检验项目包括堤顶高程、宽度、轴线位置等，具体参考相关验收依据执行。

2. 岛芯验收项目

根据工程经验，结合岛芯施工工艺，主要对吹填高程、分层厚度等进行检验，必要时对吹填土质进行检验。

第八节 典型工程

一、袋装砂斜坡式人工岛典型工程

冀东油田人工岛采用袋装砂斜坡式人工岛岛壁加水力吹填砂形成岛芯形成方案（图 3-28 和图 3-29）。

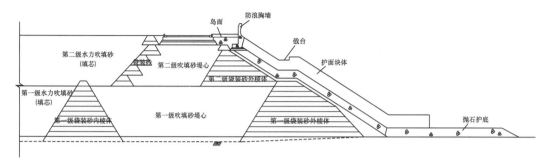

图 3-28　冀东油田人工岛断面结构示意图

（a）人工岛围堤袋装砂棱体

（b）拦栅板护面结构

（c）四脚空心方块护面结构

图 3-29　袋装砂斜坡式岛壁结构

1. 袋装砂斜坡式岛壁结构

岛壁采用内外侧袋装砂双棱体，中间吹填堤心砂，围堤顶宽度根据使用期堤顶布置需要确定为 19.0m，人工岛根据使用要求确定。浅水段（滩面高程 0m 以上）采用一级斜坡，深水段（滩面高程 0m 以下）采用二级斜坡，中间设宽 4.0m 的消浪平台，外坡坡度为 1：2～1：2.5，内坡为 1：1。

堤身棱体分为二级：第一级棱体由滩面填筑至设计高水位以上，棱体顶标高 +3.5m；第二级棱体填筑在第一级棱体及吹填砂上，填筑至防浪墙及垫层下。浅水段（滩面高程 0.0m 以上）采用袋装砂斜坡堤，深水段（滩面高程 0.0m 以下）采用袋装砂斜坡堤与袋装碎石、袋装砂混合堤两种方案。

袋装砂斜坡堤：一级和二级均采用内外袋装砂棱体，中间为吹填砂堤心。

袋装碎石、袋装砂混合堤：+1.0m 以下一级外棱体采用袋装碎石棱体，其余采用袋装砂棱体。

护面结构如下：（1）靠近现有海塘的高滩段，波浪较小，具备陆上施工条件，采用灌砌块石护面。（2）浅滩波高不大的进海路，采用栅栏板护面；东线进海路的东侧和北侧护面，采用四脚空心方块。（3）深水波高较大时，平台坡面以下采用扭王字块体，平台以上坡面采用四脚空心方块。

2. 水力吹填岛芯

吹填工艺一般根据工程区工况、取砂区位置、船机配备、砂质、吹填区及围堤结构特点等因素综合考虑选择。该工程人工岛面积较小，取砂区与吹填区距离 2km 左右；同时，取砂区天然泥面较高，大型船舶进场困难，故选择采用 980～1600m³/h 绞吸式挖泥船进行直接吹填施工，将挖掘、输送、吹泥作业一次连续完成，施工效率高。若取砂区距离较远，施工条件特殊等工况，可辅以链斗挖泥船、吸砂船组、自航驳运砂、吹砂船等船舶配合作业，采用绞吸接力工艺、挖运吹工艺等吹填工艺。吹填工艺可参考表3-21进行选择。

表 3-21　常用水力吹填艺汇总表

序号	常用吹填工艺	船舶设备组合方式	使用条件及优缺点	说明
1	绞吸工艺	绞吸船直接吹填	适用于内河或水流、风浪较小的海区，连续施工，船舶利用率高，生产效率高，对土的适应性强	为了增加运距，可接力泵，必要时也可以将两条绞吸船串联
2	挖运吹工艺	斗式船—泥驳—吹泥船吹填	适用于内河或风浪较小的海区、土质为砂质土、黏性土的吹填工程。运距一般为 5～15km，抗风性能差。挖流动性淤泥效果差	非自航船舶需要配套使用
3	舶吹工艺	耙吸船—吹填	对取土区疏浚工况条件有较强的适应性，适用于运距远的工程。施工过程中能改善砂性土的质量	耙吸船应具有吹填装置
4	挖运抛吹工艺	耙吸船—储砂池—绞吸船—吹填	对取土区疏浚工况条件有较强的适应性，适用于运距远、吹填量大的工程。施工过程中能改善砂性土的质量	储砂池的位置与大小应满足绞吸船的输送和施工强度的要求，并应选在回淤、冲刷小的地方。池内外水深应满足所用施工船舶吹填、抛沙施工作业的需要

二、抛石人工岛典型工程

大港埕海油田埕海2-2人工岛位于河北省黄骅市张巨河村东附近海域,海图水深0.9m,距岸6.7km,工程所在海域海底地形较平坦,泥面平均高程为−2.80m,坡度约为1.0‰~2.0‰。埕海2-2号人工岛有效使用面积为长140m、宽110m,顶标高为+4.5m,主要包括人工岛四周的围埝结构、岛内回填、连岛进海路与人工岛的连接引堤、连接引堤和西侧围埝上的道路及管线沟。岛的围埝和引堤为抛石体结构,岛内回填砂石料和土,顶面为碎石面层。如图3-30所示。

图 3-30　大港埕海油田 2-2 人工岛

人工岛的围埝结构由砂垫层、塑料排水板、堤心石、外侧护底石、垫层块石、护面块体、内侧混合倒滤层、上部挡浪墙、排水盲沟和混凝土面板组成,北侧、东侧和南侧挡浪墙较高,其上设有踏步和栏杆。根据人工岛各侧围堰所受到的波浪荷载和冰荷载不同的特点,围堰结构采用了不等强度设计方法,东侧和北侧、南侧、西侧的围埝堤分别采用了三种断面尺度,堤顶上的挡浪墙高度和截面宽度、人工护面块体的重量、护底结构的形式和宽度等均各不相同。北侧和东侧围埝结构受波浪作用最大,断面尺度也最大,护面扭王字块重3t,网箱石笼护底宽50m,挡浪墙最高、最大,顶高程达7.0m、底宽5.5m。南侧围堰结构受波浪作用较大,断面尺度小于北侧和东侧围堰,扭王字块重2t,网箱石笼护底宽30m,挡浪墙顶高程6.0m、底宽4m。西侧围堰朝向陆地,受波浪作用最小,断面尺度最小,护面采用1t四脚空心方块,毛石护底宽10m,挡浪墙顶高程5.5m、底宽1.5m。

船舶应急停靠点结构位于人工岛的西南角,采用2组箱筒型基础结构,结构断面分为箱筒型基础结构、钢筋混凝土空心方块、管线沟、面层、附属设施、回填块石。箱筒型基础结构由4个呈正方形排列的钢筒和混凝土顶盖板组成,每个钢筒直径9.5m、高8.5m,顶板边长22.8m。在2组箱筒型基础结构的顶板上放置钢筋混凝土空心方块,其内回填块石,然后浇筑面层。

人工岛井场陆域设计顶标高为 +4.50m，平均泥面标高 –2.80m。井场内回填分两层。第一层水下回填中粗砂厚度为 5.30m，第二层陆上回填土厚度为 2.70m，井场顶面铺设石碴厚度为 0.80m，回填量总计厚度为 8.80m。从泥面标高 –2.80m 至设计顶标高 +4.50m，高度为 7.3m，总计预留竖向沉降量 1.50m。

参 考 文 献

[1]陶庆学，王光奇，李健，等.滩海工程的一项新技术"构件＋毛石"海堤［J］.中国海洋平台，2003（2）：23-26.

第四章
施工技术与质量控制

人工岛的建设工程量一般较大，施工过程中，应因地制宜，充分利用当地天然的砂、石等建岛材料，并尽量采用安全可靠、简捷快速的施工方法。根据筑堤材料的不同，固定式人工岛一般分为抛石斜坡堤和袋装砂斜坡堤等类型。抛石斜坡堤筑堤材料一般采用块石，在石料供应充足、价格低廉的地区应用较多。该结构耐久可靠，施工工艺成熟、施工难度较小。袋装砂斜坡堤在砂源丰富的地区应用较多，常见于江海护岸、围堤造地、防波堤及堤坝工程。经过多年的实践、总结和改进，并在土工合成材料指标检测、选用和结构合理优化等方面进行了大量的研究，该技术已日趋成熟。

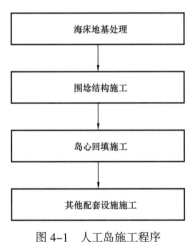

图4-1 人工岛施工程序

人工岛位于没有掩护的滩浅海海域，远离陆地，海况条件恶劣，施工受到海况条件的制约。人工岛施工应充分利用每年的气象黄金窗口，保证人工岛结构施工的安全稳定。开工时间一般宜选择在每年3、4月份，围埝结构施工及护面块体安装需在风暴潮多发期9、10月份前完成。由于受水深和潮汐的限制，海上有效施工时间短，因此需要尽快形成陆域施工界面，变为全天候作业时间，减少潮汐的影响。

抛石斜坡堤和袋装砂斜坡堤虽然筑堤材料和结构形式不同，但施工工序基本类似，主要施工工序如图4-1所示。

人工岛建设首先需要进行海床地基处理，尤其是对于软土地基。软土具有高压缩性、高灵敏度、高流变性和低强度、低渗透性的特点，在同等工况和设计条件下，软土地基上的构筑物将会产生更大的沉降。

围埝结构施工过程中，地基孔隙水压力随着荷载大小和加载速度的不同而改变，在这个过程中，应充分利用地基变形观测数据，严格按照设计提供的加载速率进行加载，防止滑坡的出现，保证围埝结构施工的安全。因此，施工过程中监测数据的及时性和准确性十分重要。施工过程中，会发生部分沉降和水平位移，施工结束后，在一定时期内，会继续发生沉降和水平位移。因此，需要对运营的人工岛继续进行监测。

回填区的施工，砂源丰富的滩海地区可采用吹填的方式；砂源匮乏的滩海地区可采用回填的方式，砂源或土源从外地拉运到目的地。

人工岛配套设施主要包括登陆点、消防储水罐、消防集水井等，配套设施与人工岛应同时设计、同时施工、同时投入使用，以确保人工岛上正常的油气生产。在施工中需要注意与人工岛主体结构的衔接。

第一节　海床地基处理

一、扫海

海底一般存在浅滩、礁石等特殊地貌和沉船、沉雷、钻井废弃物等，这些障碍物在浅海尤其多，对工程施工影响很大，因此，通常在海床地基处理前进行扫海，确保人工岛施工安全。

完成扫海后提供海底地形图，确定是否有障碍物。如果发现障碍物，应及时清除。

二、地基处理

海床地基在经地质勘查后，如果承载力达不到设计要求，需进行地基处理。海床地基处理通常通过换填、挤密、排水固结、加筋等方法对地基土进行加固，提高地基的抗剪强度，改善地基的承载力，减少其沉降量。根据不同的海床条件选择不同的地基处理技术，淤泥质软土地基常采用"砂垫层＋塑料排水板"或砂石桩技术。

地基处理的质量控制标准执行 JTS 257—2008《水运工程质量检验标准》。

1. 砂垫层＋塑料排水板

1）原理

软土地基在附加荷载的作用下，通过塑料排水板使土中的孔隙水被慢慢排出，孔隙比减小，地基发生固结变形，地基土的强度逐渐增长。该技术适用于饱和软土地基。

2）施工及质量控制要点

（1）铺砂垫层。

在打设塑料排水板前需要抛填 1m 厚的砂垫层，为防止砂被海水冲刷而流失，在抛砂前先在抛砂范围的外围抛填高 1m 的砂袋挡埝。

① 抛砂船定位。抛砂船在抛填范围内采用 GPS 定位，定点定量抛填，在抛填时勤测

水深，控制抛砂面标高，误差控制在 −300～+500mm，保证砂面平整。

② 抛砂袋挡埝。为了防止抛填的砂流失，先在抛砂范围的外边线抛砂袋埝，砂袋埝高 1m，顶宽 1m，边坡为 1：2。

砂袋采用编织袋，采用人工方式将砂袋抛至设计标高。

③ 抛砂垫层。抛砂时，人工配合反铲定点定量抛填，边抛边进行整平，抛砂人员应随时检查砂垫层标高。砂垫层施工时尽量选择平潮作业，砂量一次成型，避免分层间夹有回淤的淤泥。铺砂垫层施工如图 4-2 所示。

图 4-2　铺砂垫层

（2）打设塑料排水板。

① 施工船舶的选择。应选择抗风浪能力较强的塑料排水板打设船，并配备良好的锚缆系统，保证移船灵活、定位准确。塑料板打设机要牢固地焊接在打设船上，避免打设机发生晃动，以保证板位误差控制在设计和规范的允许范围内。

② 打设塑料排水板。打设船采用 GPS 定位，按照设置的打设间距控制板位。首先将塑料排水板带入管内，待导管打至设计标高后拔管。当导管全部拔出后，按板距移动打设机至第二个板位，同时把第二根塑料排水板送入导管，进行重复施打。打设过程中，随时检查打设架的垂直度，并做好记录。对不符合标准的应重新补打，符合设计要求后再移船。

③ 塑料排水板标高控制。在打设塑料排水板时，勤测水位，根据水位调整打设深度，确保达到设计标高。

2.砂桩

1）原理

碎石桩、砂桩和砂石桩总称为砂石桩，是指采用振动、冲击或水冲等方式在软弱地基中成孔后，再将砂或碎石挤压入已成的孔中，形成大直径的砂石所构成的密实桩。砂石桩主要用于松散砂土、粉土、黏性土、素填土及杂填土地基。

2）施工及质量控制要点

砂石桩直径的大小取决于施工设备桩管的大小和地基土的条件，对于软黏土宜选用大直径桩管以减小对原地基土的扰动程度。目前使用的桩管直径一般为 300～800mm。桩距根据经验一般可控制在 3～4.5 倍桩径之内，桩径取决于具体的机械能力和地层土质条件，长度应根据地基的稳定和变形验算确定，为保证稳定，应达到滑动弧面之下。

用垂直上下振动的机械施工的称为振动沉管成桩法；用锤击式机械施工成桩的称为锤击沉管成桩法，锤击沉管成桩法的处理深度可达 10m。

（1）振动沉管成桩法施工。

移动桩机及导向架，把桩管及桩尖对准桩位；启动振动锤，把桩管下到预定的深度；向桩管内投入规定数量的砂石料，把桩管提升一定的高度，提升时桩尖自动打开，桩管内的砂石料流入孔内；降落桩管，利用振动及桩尖的挤压作用使砂石密实；桩管上下运动，砂石料不断补充，砂石桩不断增高至地面，砂石桩完成。

（2）锤击沉管成桩法施工。

将内外管安放在预定的桩位上，将用作桩塞的砂石投入外管底部；以内管做锤冲击砂石塞，靠摩擦力将外管打入预定深度；固定外管将砂石塞压入土中；提内管并向外管内投入砂石料；边提外管边用内管将管内砂石冲出挤压土层；待外管拔出地向，砂石桩完成。

第二节　围埝结构

对于砂源丰富的滩海地区，通常采用的是袋装砂围埝结构；对于淤泥质软土地基、砂石料短缺的滩海地区，可采用抛石斜坡堤围埝结构、钢箱筒围埝结构以及对拉板桩围埝结构。

一、袋装砂围埝结构

人工岛围埝结构采用"袋装砂棱体 + 吹填砂堤心斜坡堤"，反滤结构采用"无纺布 + 袋装碎石"，护面结构采用"块石垫层 + 护面块体"，护底结构采用"砂肋连锁块混合型软体排平护 + 抛石"，上部结构采用钢筋混凝土防浪墙。

1. 施工工艺流程

袋装砂围埝结构施工工艺包含施工准备、扫海清基、地基处理、袋装砂棱体施工、堤心砂吹填、反滤层施工等。袋装砂围埝结构施工工艺如图 4-3 所示。

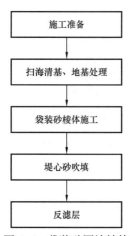

图 4-3　袋装砂围埝结构
施工工艺图

2. 施工及质量控制要点

袋装砂结构围埝深水软体排和袋装砂棱体采用大型多功能铺排船进行施工，浅水滩涂部位使用人工进行施工，水上抛石和预制件安装采用吊机船进行施工，上部防浪墙及混凝土路面采取在岛上建立混凝土搅拌站现浇施工，护面块体采用陆上预制，工程所用材料和构件全部经由临时码头倒驳船运至施工现场，地基处理经试验确定采取振冲加强夯处理方法。

1）软体排施工

软体排是利用土工织物缝接成一定尺寸的排布，属柔性材料，能较好地与海床贴合，在排布上加砂肋或铰链接砼预制板块作为压重而形成的一种防冲结构，也是土工合成材料在江河岸坡、丁坝护底（护脚）中常用的一种结构形式。人工岛围埝结构中多采用软体排护底。

冀东油田人工岛软体排护底采用砼联锁块、砂肋混合软体排。深水软体排施工由专业铺排船舶完成，浅水软体排采用人工乘低潮施工，在施工前根据坐标确定软体排铺设具体范围，利用专用软件、GPS 定位，并确保搭接不小于设计要求，软体排压载重量严格按设计要求控制，并及时进行压载施工。

这里主要介绍深水软体排铺设工艺。

（1）软体排铺设工艺流程。如图 4-4 所示。

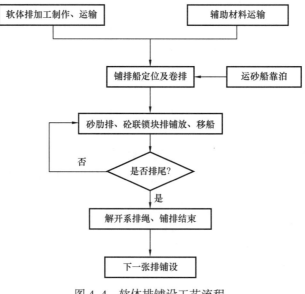

图 4-4　软体排铺设工艺流程

（2）软体排铺设及质量控制要点。

① 铺排船定位。在专用施工船舶上配有计算机一套、GPS 定位接收机两台，GPS 定位软件一套，施工前开启电脑，运行 GPS 定位软件，由施工员根据设计输入有关铺排参数，计算机显示施工船舶动态船位图形，移船人员根据 GPS 定位软件显示铺排位置，将铺排船移动至铺排起始位置，当电脑显示偏差值和位移值达到允许误差范围内，表示施工船舶已经到达设计位置，经现场专业工程师认可，方可开始铺设。

② 卷排布。用吊机将排布吊至甲板上，操作工人在吊机协助下将排布展开，将排尾拉环和滚筒上钢缆相系，启动滚筒开关将排布自动卷入滚筒，直到排头布平展在翻板前沿，关滚筒开关。在卷排期间，操作工人站在滚筒边，用人力绷紧排布，使滚筒上排布无皱折，平铺在甲板和翻板上的排布，用人力拉平、拉直，防止排布皱折、收缩。

③ 移船铺放。铺排是在专用铺排船上进行的，整个软体排铺设进程是沿堤身轴线方向推进，除圆弧段排体铺设方向垂直于围埝轴线由内向外，每张软体排的铺放沿平行于堤轴线方向。

混合软体排铺设前运砂船进档，用吊机将两台泥浆泵（22kW）吊入砂船上适当位置，在船舶进出挡的同时，将平展在甲板上的排布压载砂肋袋穿好。启动高压水枪，冲水到砂船舱内，当泥浆泵周围为砂水混合后再开动泥浆泵进行砂肋充灌，充灌过程中注意控制砂浆浓度，停充前注意充清水，防止堵管。充灌时用 14# 铅丝将砂肋袋袖口拧在输砂管分流口上，打开分流口阀门进行充灌。充灌时辅助以人力踩踏砂肋，使砂流畅通。充灌砂肋从一头充灌，交错充灌，严禁双向对充，将砂肋充盈率控制在 80%。砂肋充灌完毕后，吊机配合人工吊装砼联锁块并与排体固定完好。待砂肋、砼联锁块软体排排体准备好后打开翻板控制电机，此时翻板逐渐倾斜，当翻板与水平成一定角度 35° 时停止下放翻板，此时翻板上充灌好的砂肋排体在自重作用下，沿翻板徐徐下沉，当排体头部到达泥面并有一定富余长度时，缓慢移动船位，使充灌好的砂肋软体排缓慢铺放。重复以上程序，直至排体铺设结束，移船时移船速度应与排体下水同步。

每张排体在铺设前应根据前一张排体实际边线位置进行修正以确定最后位置，确保相邻软体排之间实际搭接宽度整张排长范围内任一位置均不小于设计值。

加筋带（软体排四边加筋用）由聚丙烯编织布加工而成；宽度 3cm 加筋带，单位重量 ≥ 31g/m，抗拉强度 ≥ 10kN/ 根；宽度 5cm 加筋带，单位重量 ≥ 52g/m，抗拉强度 ≥ l6kN/ 根；宽度 7cm 加筋带，单位重量 ≥ 58g/m，抗拉强度 ≥ 20kN/ 根。

每一厂家、每一品种、每一批次的抽样检查数量不少于一次，如一批超过 1×10^4m，应每 1×10^4m 抽检一次。

砂肋、砼联锁块混合排铺设工艺示意图如图 4-5 所示。

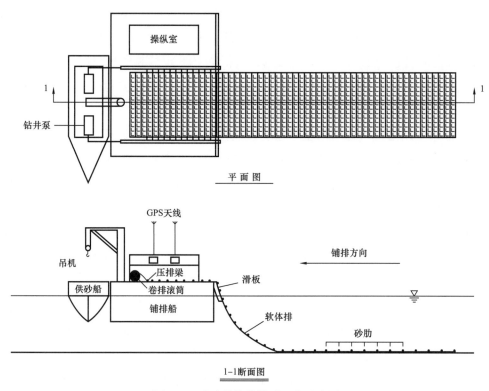

图 4-5　砂肋软体排铺设工艺示意图

2）袋装砂棱体施工

袋装砂棱体是利用土工织物缝接成一定尺寸的袋体，利用钻井泵、水枪等专业设备将泥沙充灌到土工织物袋体而形成的一种围埝结构。人工岛建设中，袋装砂棱体是围埝的主要构成部分。

人工岛围埝结构选用袋装砂双棱体中间堤心砂斜坡堤，袋装砂棱体施工包括通长袋装砂棱体、水上水下袋装砂棱体及堤顶袋装砂棱体施工。袋装砂棱体施工首先进行水下袋装砂棱体的充灌施工，水下袋装砂棱体采用专业铺设船进行施工，安排多个工作面进行流水作业，堤心施工时直接利用吹砂船往棱体堤心吹砂，出水后候低潮采用泥浆泵取堤心砂多点作业进行充灌袋装砂。在棱体中每隔一段距离设置隔袋，与内外棱体形成封闭区域，构成泥库，利用泥库的砂源进行棱体的推进。

人工岛工程区域滩面标高较低，水下袋装砂施工需采用专业自带 GPS 定位系统的铺排船进行施工，该工序分多个工作面同时进行施工，设备采用水下充填袋专业铺设船进行施工。

水下袋装砂充灌施工流程如图 4-6 所示。

（1）水下袋装砂充灌施工方法及质量控制要点。

利用GPS定位系统进行施工定位。将加工好的袋体运到充灌砂施工船上，由人工将袋体平展在甲板上，引出滚筒钢缆上的尼龙绳，套在袋体尾部拉环上，启动滚筒电动装置开始卷袋，当袋头第一排充灌袖口处于船舷时，停止卷袋；重载砂驳停靠在施工船的一侧；将袋体的内层充灌袖口放入袋体内，并将充砂管插入第一排袖口，开始充砂，利用袋体及所充砂的自重将袋体放至海底，启动滚筒刹车，施工船在GPS系统软件的动态显示指导下垂直围埝轴线移船至第二排袖口位于船舷边位置，将充砂管从第一排袖口中拔出并插入第二排袖口内，继续充

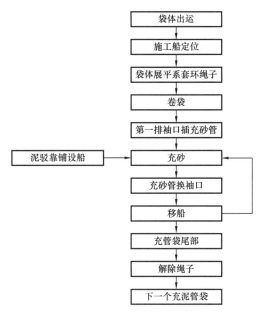

图4-6 水下袋装砂充灌施工流程图

砂，在测量桥上用背包式GPS系统结合特制水砣打水深测算袋体标高，控制袋体的厚度，当袋体施工厚度达到设计厚度左右时，将充砂管拔出插入第三排袖口，启动滚筒刹车，充砂船在GPS定位系统的动态显示指导下垂直围埝轴线移船至下一排袖口位于船舷边位置，再充砂，如此循环进行，直到整个袋体充灌完毕。移船再进行下一个充泥袋体施工。

水下袋装砂充灌施工示意图如图4-7所示。

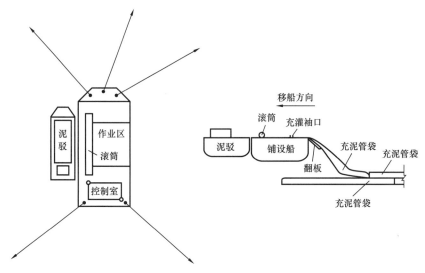

图4-7 水下袋装砂充灌施工示意图

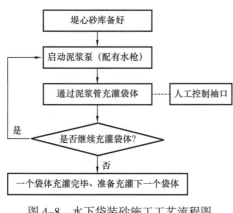

图 4-8 水下袋装砂施工工艺流程图

（2）水上袋装砂棱体及堤心砂施工方法及质量控制要点。

水上袋装砂施工工艺流程如图 4-8 所示。

人工岛袋装砂棱体施工应错缝堆叠，阶梯式推进。

专业测量人员现场测量放样，标识出充填袋棱体边线，将加工好的袋体通过运输船运至施工现场，人工乘潮进行摊铺，袖口部位朝上，泥浆泵管口与袖口进行连接。泥浆泵冲水枪处则需根据泥浆管出砂的浓度调节水量，保证泥浆管的流量以及避免堵管，充灌砂袋的成型取决于取砂区域的颗分级配，如果淤泥含量超标而不能一次成型，则需在下一个潮水进行充灌时进行补充，保证达到预定的厚度，在袋装砂棱体充灌结束后需绑扎袖口，防止漏砂。当水下内外棱体形成一定长度后进行堤心砂吹填，再进行上面棱体砂袋充灌，堤心砂吹填和袋装砂棱体施工应紧密结合，相互保护，相互依托，避免棱体单独抵御风浪。

铺排船将水下充填袋打至标高 +0.0 后，开始水上棱体加高。施工用砂由内外棱体间堤心砂砂库提供。+0.0m 以上的第一层袋充灌需在最低潮时进行，后面几层砂袋在低潮和涨潮初期进行充灌。每天施工作业时间也由平均 6～8h 逐渐延长至全天候作业，这样最大限度地争取了时间，为在预定工期内完成总体工程奠定了基础。水下和水上袋装砂棱体施工如图 4-9 所示。

（a）水下袋装砂棱体

（b）水上袋装砂棱体

图 4-9 水下和水上袋装砂棱体施工图

3）临时防浪护堤措施

人工岛工程处于外海，风浪条件差，冬季易受寒潮影响结冰，特别是秋冬季可能出现风暴潮，故在施工期间应对工程的抗大风大浪措施必须做充分准备。

（1）统筹安排、合理组织，按照设计要求的节点进度安排施工计划，在北方，要求在10月底前完成大部分围埝护面及护底施工，以确保寒潮来临时，对围埝形成有效防护。

（2）堤心砂吹填和袋装砂棱体施工紧密结合：内外袋装砂棱体之间的吹填砂应迅速跟上，使棱体有所依托，避免棱体单独抵御风浪。

（3）棱体结构加强：施工初期护面材料无法运至现场，一级棱体充填袋迎水面及顶部采用机织复合布覆盖，以有效抵御短期风浪冲刷。

（4）防老化措施：人工岛工程规模大，围埝施工强度大，棱体施工完成，临时施工道路形成后，护面材料才能进场，袋装砂袋体暴露时间较长，因此，人工岛所有袋装砂袋体均采用防老化土工材料。

（5）护面结构应及时跟上。

施工期间，护坡结构及时跟上与否，是抵御风浪流袭击，确保施工工期工程安全与否的关键。应尽早形成堤顶临时施工道路，外侧反滤层应及时施工，棱体外坡抛石及护面块体及时实施，尽量缩短袋装砂棱体暴露时间。

4）龙口设置及合龙

（1）龙口应设置在背水面，根据人工岛陆域面积及吹填速率经计算确定宽度。

（2）由于龙口流速大，流态复杂，为避免滩地冲刷，龙口采用软体排护底措施，施工过程中应加强巡视龙口及附近滩面冲刷情况。

（3）龙口合龙一般采用平堵法，利用小潮汛进行合龙口封堵，合龙口封堵前应设置好吹填排水水门，封堵后吹填尾水通过水门排出。

5）抛石护底与反滤层施工

抛石护底采用定位船定点抛石、挖机候低潮抛石结合人工抛理工艺，抛石前利用定位杆进行施工放样，在抛石边线处设立导标。由现场施工员按照设计要求厚度指挥抛石，严格控制抛石边线和厚度。

人工岛反滤层结构普遍由无纺布和袋装碎石组成。无纺布铺设前，检查袋装砂棱体是否破损、漏砂，有问题应及时处理。土工布由人工展开覆盖于袋装砂棱体上，并保证相邻土工布的搭接宽度，确保全面覆盖。在铺设好的土工布上及时铺设袋装碎石，以避免无纺布长期暴露老化。袋装碎石铺设由人工施工，由下而上铺设，袋口朝上，上面的袋底压住下面的袋口，并严格控制碎石级配。

反滤层现场施工如图4-10所示。

6）护坡护面施工

围埝反滤层完成一段后应及时进行护坡护面施工，冀东油田人工岛护坡护面施工包括干砌块石、抛石垫层、砼预制块体等预制件安装。

(a) 土工布反滤层　　　　　　　　　　(b) 袋装碎石反滤层

图 4-10　反滤层现场施工图

干砌块采用人工理砌，施工前对已经完成的反滤层进行检查，由于经过潮水和风浪的作用，遭受破坏的反滤层部分需重新整理，修复合格后方才进行干砌块石施工。

抛石垫层护坡所用块石选用大小均匀、质地坚硬、耐磨性较好的石料。施工前对抛石护坡边坡进行测量放线，设置上下控制桩，拉好施工控制线。理坡时由挖机结合人工进行，严格控制块石间紧密程度，同时要严格控制坡面平整度和厚度。

干砌块石、抛石垫层完成后，进行四脚空心方块、扭王块和栅拦板等预制件安装，预制件安装从下往上分段紧密安装，并严格控制相邻块体之间高差和缝隙。

干砌块石和扭王块安装现场如图 4-11 所示。

(a) 干砌块石安装　　　　　　　　　　(b) 扭王块安装

图 4-11　干砌块石和扭王块安装现场成型图

7) 堤心砂吹填

为确保围埝安全，围埝堤心砂吹填应采用合理的吹填设备，合理安排吹填顺序和控制吹填施工速率，严禁吹泥管口直接冲击棱体，切忌为抢进度选用超大功率吹填设备而冲毁袋装砂棱体，造成不必要的损失。

二、抛石斜坡堤围埝结构

抛石斜坡堤围埝结构由堤心石、外侧垫层块石、护面块体、护底块石、内侧混合倒滤层以及上部防浪墙组成。对于淤泥质软土地基，需要进行海床地基处理。同时，混凝土需满足抗冻要求。

1. 施工工艺流程

抛石斜坡堤围埝施工工艺流程主要包括堤心石施工、护面块体施工、护底施工以及防浪墙施工等，详见施工工艺流程图（图 4-12）。

2. 施工及质量控制要点

1）堤心石施工

石料的规格、质量以及抛石过程的质量控制标准执行 JTS 257—2008《水运工程质量检验标准》。

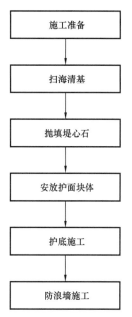

图 4-12 抛石斜坡堤施工工艺流程图

堤心石由 600～1000t 自航驳船运输到现场，停靠于定位驳外弦，由位于驳上的挖掘机进行抛石。抛石过程做到勤对标、勤测深、勤看水位，抛石高程由抛石工人依据水位用水砣控制。根据事先计算好的理论断面抛石量和实际断面抛石量的比较及抛石检查结果，决定移船距离。

为确保围埝不发生水平滑移，堤身结构分两层填筑。抛填第一层堤心石并且堤身平均沉降量达到设计要求后，抛填第二层堤心石至堤顶设计标高。堤身平均沉降量达到设计要求后，再进行上部混凝土防浪墙施工。

堤心石施工期间应进行沉降量和位移监测，如有异常情况应及时采取相应的工程措施来保证工程结构的安全。观测精度控制在 ±5mm 以内，具体的观测位置、安放形式、观测时间间隔等根据施工情况和观测结果确定。施工期堤身最大沉降速率为 20mm/d，深层土体最大侧向位移速率为 4mm/d，上部结构最大水平位移速率为 2mm/d。堤心石抛填及理坡施工如图 4-13 和图 4-14 所示。

2）护面块体施工

为确保堤身安全，垫层块石施工完成后应尽快安放护面块体。护面块体的预制及安装质量控制标准执行 JTS 257—2008《水运工程质量检验标准》和 JTS 202—2011《水运工程混凝土施工规范》。

（1）堤身护面块体施工。

护面块体由自航驳船运到现场，并由位于方驳上的 80t 履带式起重机进行安装。

扭王字块安放位置控制采用极坐标法，先确定每块扭王字块安放位置，吊机扒杆根据

图 4-13　堤心石抛填施工　　　　　图 4-14　堤心石理坡施工

计算的水平角和竖向夹角进行安放。安放时吊机自动脱钩，为保证安放的紧密性、随机性及钩连效果，可调整锁扣方法和摆放方向，符合要求后再脱钩。严格控制每百平方米的安放数量，安放数量偏差控制在 5% 以内，防止漏抛或块体间隙过大，随机的块体在斜面上要摆放平稳，相邻块体摆向不宜相同，安放完成后检查或补漏。

四脚空心方块安装前，垫层块石由挖掘机按照设计坡比理坡成型，块石垫层的坡比和表面平整度均应满足规范要求。四脚块吊起安装时应保证各吊点同时受力，并不得损坏构件棱角，四脚块应安放稳固，垫层块石低于设计要求时，不得临时用二片石支垫。

（2）堤顶护面块体施工。

混凝土防浪墙浇筑完成一段后，由陆上吊机安放临近防浪墙的堤顶垫层块石及护面块体。

堤顶垫层块石和护面块体的施工方法同堤身，但应与防浪墙施工密切配合，防浪墙施工完成一结构段后，应立即跟进垫层块石和护面块体施工。

扭王字块安装施工如图 4-15 所示。

图 4-15　扭王字块安装施工

3）护底施工

（1）抛填护底块石。

护底块石的规格和质量必须满足设计规范要求，经检测合格后方可进行装船。石料由600~1000t 自航驳船运输，运至围堰的内外侧靠于定位驳外舷。护底块石由位于驳上的挖掘机进行抛石，抛填时，由抛石工人依据水位用水砣控制护底顶面高差，并根据理论断面抛石量定点定量抛石。

每个施工段抛填完成后，测量断面合格后进行下一施工段。

（2）铺设护底网箱石。

网箱石护底分为两层，下层为二片石垫层，在二片石垫层上铺设一层单箱长 3m、宽1m、厚 0.50m 的网箱块石。

二片石由 600t 自航驳运至现场，靠于定位驳外舷，由人工进行抛填，边抛边用水砣测量水深以控制抛石厚度及平整度，确保二片石厚度满足设计规范要求。

网箱块石的规格和质量必须满足设计规范要求，经检测合格后方可装船。安放网箱块石前依据护底平面图，确定每个网箱块石的平面布置图，并划分区、段和每一区、段对应的定位驳的船位，根据吊机作业范围确定每一船位安放网箱石的数量，并由此确定每一船位的移船距离。

安放网箱块石时，由定位驳上的 40t 吊机将网箱块石吊起，按定位驳船舷的刻度依次进行安放。每安放一个网箱块石，潜水员下潜检查安放质量，并用连接网线将各组网箱连接在一起。

4）防浪墙施工

防浪墙分为直接浇筑的防浪墙和桩基础防浪墙两种，其质量控制标准执行 JTS 257—2008《水运工程质量检验标准》和 JTS 202—2011《水运工程混凝土施工规范》。

（1）直接浇筑的防浪墙。

在堤心石上部铺设垫层后，直接进行浇筑施工。每段防浪墙分两部分浇筑成型，首先浇筑下部的基础部分，然后浇筑上部墙身部分。变形缝采用沥青木丝板进行填充，宽度为20mm。为降低两段防浪墙之间的差异沉降，可在两段防浪墙之间设置传力销，这种方法简单有效。

① 基础处理。堤心石抛填至堤顶后，铺设 0.5m 厚二片石垫层及 0.3m 厚碎石垫层，然后浇筑 0.1m 厚混凝土垫层。

② 钢筋绑扎。钢筋加工成型后用自航驳运至现场，然后进行现场绑扎。绑扎时，每段防浪墙设置 3 根直径 0.2m、长 1.5m 的传力销。

③ 混凝土浇筑。在岛面上设立混凝土搅拌机，混凝土采用地泵输送入模，分层下灰、

分层振捣。振捣时插棒间距不大于 0.3m，分层处振捣棒插入下层混凝土 5～10cm，快插慢拔，不得过振。混凝土浇筑至顶后，刮除浮浆，进行二次振捣和二次抹面。

④ 施工缝的处理。在上部混凝土浇筑前，应清除下部混凝土表面的垃圾、薄膜、松动的砂石和软弱混凝土层，并进行凿毛处理，用水冲洗干净且充分润湿。水平施工缝应铺上一层 10～15mm 厚的水泥砂浆，砂浆配合比应与混凝土中砂浆的配合比相同。

⑤ 养护。采用自然养护法，养护时间按照规范执行，养护时用草袋、麻袋或者土工布覆盖防浪墙，喷洒淡水养护，以保持混凝土表面湿润为宜。

直接浇筑的防浪墙施工如图 4-16 和图 4-17 所示。

图 4-16　防浪墙段间"传力销"　　　　图 4-17　混凝土防浪墙分段施工

（2）桩基础防浪墙。

对于软土地基可采用桩基础防浪墙，由于锤击桩施工振动过大，影响围埝结构安全，可采用钻孔灌注桩基础。钻孔灌注桩施工采用回旋钻机成孔，正循环工艺清孔。

① 造浆。正式钻进前，需要进行泥浆制备。泥浆制备采用优质膨润土，钻进过程中，根据不同的土层制备不同浓度的泥浆，使泥浆既起到护壁及清渣的作用，又不影响钻进速度。泥浆沉淀池、储浆池与桩孔形成泥浆循环系统，废弃泥浆及沉碴及时外运至容许排放地点，防止污染环境。

② 钻孔。钻机就位后，进行桩位校核，保证就位准确。造浆完毕后低速开钻，待整个钻头进入土层后进入正常钻进。在护筒脚部位必须慢速钻进。整个成孔过程连续作业，及时记录并观察孔内泥浆面和孔外水位情况，发现异常马上采取措施。泥浆相对密度控制在 1.2～1.25 之内，漏斗黏度控制在 18～22s。

桩孔中的泥浆指标应严格控制，在钻进过程中应定期检测桩孔中的泥浆的各项指标。

③ 清孔。孔深达到设计标高后，孔径、垂直度等检查合格后进行清孔。水下灌注混凝土前进行二次清孔。二次清孔时，应采用新鲜优质泥浆对孔底泥浆进行置换。

④ 安装钢筋笼。钢筋笼进孔前首先检查其竖直度，进入孔口时扶正并缓慢下放，严

禁摆动碰撞孔壁，并且边下放边拆除内撑。钢筋笼下到设计标高后，定位于孔中心，将主筋或其延伸钢筋焊接在护筒上，以防骨架在浇注混凝土时上浮及移位。钢筋笼下放完成后，马上进行二次清孔，并做好水下混凝土灌注工作。

⑤ 水下灌注混凝土。当二次清孔的泥浆性能指标和沉渣厚度达到设计和规范要求后，可采用导管法灌注进行水下混凝土灌注。

导管在使用前和使用一个时期后，除应对其规格、外观质量和拼缝构造进行检查外，还应做承压、水密性等试验。首批混凝土灌入孔底后，立即探测孔内混凝土面高度，并计算导管埋置深度，满足要求后再进行正常灌注。

桩基础防浪墙断面图如图 4-18 所示。

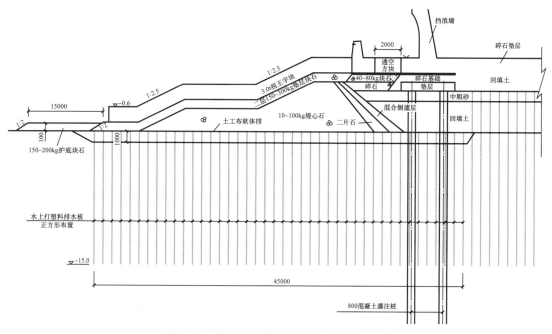

图 4-18　桩基础防浪墙断面图（单位：mm）

三、对拉板桩围埝结构

对拉板桩围埝结构主要包括对拉板桩结构基础、堤心石、垫层块石、护面块体、护底块石、内坡倒滤层以及上部防浪墙等。对拉板桩围埝结构适用于离岸 1.5km（海图水深 0m）以内的人工岛，一般采用陆上拉运毛石进行抛填。混凝土施工需满足抗冻要求。

对拉板桩结构由定位桩、定位梁及带肋挡板组成，采取"构件陆上预制、海上组装、桩深扎、梁定位、板挡毛石"的方法，形成有桩基的无底开口沉箱结构后，同时向构件中间和外侧抛填毛石，将桩、板、梁以及毛石四者有机地形成一个整体。

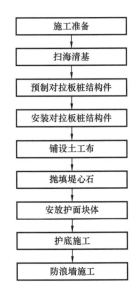

图 4-19　对拉板桩结
构施工流程图

流程图框内文字（从上到下）：
施工准备 → 扫海清基 → 预制对拉板桩结构件 → 安装对拉板桩结构件 → 铺设土工布 → 抛填堤心石 → 安放护面块体 → 护底施工 → 防浪墙施工

1. 施工工艺流程

对拉板桩结构围埝施工工艺流程主要包括扫海清基、构件预制、构件安装、土工布铺设、堤心石施工、护面块体安装、护底施工等，施工工艺流程如图 4-19 所示。

2. 施工及质量控制要点

1）对拉板桩结构件预制

对拉板桩结构件预制的质量控制标准执行 JTS 202—2011《水运工程混凝土施工规范》。

构件预制按照胎模制作、钢筋绑扎、支立模板、混凝土浇筑及养护的工序进行，具体施工工艺同抛石斜坡堤护面块体预制。

对拉板桩结构件预制施工如图 4-20 所示。

2）对拉板桩结构件安装

采用陆上拉运及安装施工方式，首先进行定位桩施工，然后定位叉梁连接两侧定位桩，最后安装带肋挡板。对拉板桩结构件吊装过程中须平稳，严格按照设计要求进行桩的绑扎、起吊以及插桩工作。当构件桩顶标高达到设计要求时，需要通过经纬仪进行复测。整套构件应保证一次施工成功，禁止在同一地点重复拔插，扰动地基土。

对拉板桩结构件安装施工如图 4-21 所示。

图 4-20　对拉板桩结构件预制图　　　　4-21　对拉板桩结构安装施工

3）土工布铺设

进行堤心石抛填前，需在构件外侧铺设土工布及筋笆片。铺设土工布前，需对泥面进行平整，对坑洼区域用袋装土填平，防止土工布被刺穿、顶破。按照绑扎、沉放、移位的程序铺设土工布，土工布沉放入水时，严禁有褶皱，并在靠近构件一侧上翻1m。相邻两块土工布搭接须严密，搭接宽度不小于3.0m。

4）堤心石施工

同一断面的堤心石分两次抛填完成，堤心石的规格、质量以及抛石过程的质量控制执行 JTS 257—2008《水运工程质量检验标准》。

在对拉板桩结构件安装完成后，马上进行堤心石抛填，抛填高度不超过构件顶标高的 2/3，且不低于 1/2，构件内外侧堤心石须同时抛填。构件外侧堤心石抛填时应保证大块毛石抛露在护坡表面，增加护坡抗风浪的稳定性。堤心石抛填到一定高度时，应边抛堤心石边进行下压、夯实，防止堤心石的进一步沉降。

同时，当天完成的施工面必须当天抛填堤心石进行稳固，以防止因风、浪、流等造成对拉板桩结构件倾斜、甚至倒塌等情况的发生。

对拉板桩围埝结构堤心石抛填施工如图 4-22 所示。

图 4-22　对拉板桩围埝结构堤心石抛填施工

5）其他

护面块体、护底块石以及混凝土防浪墙等施工及质量控制要点与抛石斜坡堤结构围埝类似。

四、钢箱筒围埝结构

钢箱筒围埝结构主要包括钢箱筒基础、空心方块、堤心石、垫层块石、护面块体、护底网箱石、内坡混合倒滤层以及上部防浪墙等。

钢箱筒围埝结构采用钢箱筒作为基础，钢箱筒采用浮运或船舶运输至施工地点。定位后排气自重下沉，现浇混凝土垫层、安装顶部混凝土预制盖板，达到设计强度后并抽真空负压下沉。在负压下沉过程中，精确定位，严格控制钢箱筒沉降位移及沉降速度，确保安装成功。下沉至最终设计标高后，在外侧安装空心方块，空心方块内部及后方回填毛石。沉降期内外侧进行胸墙浇筑，内坡回填倒滤层，内坡及外侧空心方块平衡加载，确保围埝稳定。胸墙浇筑完成后进行上部防浪墙施工。空心方块、上部防浪墙等混凝土结构需满足抗冻要求。

1. 施工工艺流程

钢箱筒围埝结构施工工艺流程主要包括钢箱筒基础施工、安装空心方块及抛填块石、安装护面块体、护底施工等，施工工艺流程如图 4-23 所示。

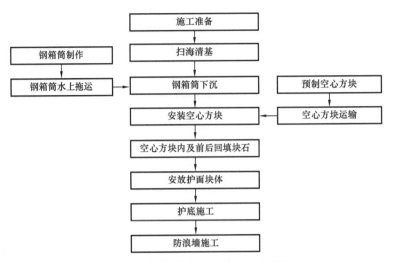

图 4-23　钢箱筒围埝结构施工流程图

2. 施工及质量控制要点

1）钢箱筒基础施工

（1）钢箱筒的运输与下沉。

① 钢箱筒的水上拖运。钢箱筒制作完毕并连接好充气管道后，采用水上大型起重船整体吊运下水。下水前在钢箱筒的侧面画好水尺刻度，以此观察吃水深度及平衡状态。为防止拖运时结构变形，还应对其底部进行柔性加固。下水后进行 24h 气闭性试验，合格后即可拖运。

钢箱筒拖运前注意天气情况，采用拖轮菱形拖运，减小阻力。拖航过程中调整钢箱筒前后吃水，保持尾倾吃水差。同时，调整拖缆长度，使拖轮与钢箱筒在波浪中起伏一致，动作协调。

钢箱筒水上起吊、拖运施工如图 4-24 和图 4-25 所示。

图 4-24　钢箱筒水上起吊

图 4-25　钢箱筒水上拖运

② 钢箱筒的下沉。每组钢箱筒基础沉放前用水砣测量泥面高程，当泥面高差超过 ±5cm 时，采取抛砂找平，找平后钢箱筒进行下沉。

首先，进行排气自重下沉。当钢箱筒定位后，打开抽气阀门进行排气，钢箱筒由漂浮状态下沉至泥面上 30cm 后，关闭排气阀门并再次通过 GPS 精确定位，满足设计要求后，再次打开阀门排气，最终入土下沉。

其次，由于原泥面的高差及土质不均，钢箱筒入土下沉时有可能产生倾斜位移，因此，在钢箱筒入土后应仔细观察筒壁上水位刻度线，如高差超过 10cm，用反复抽气、充气法进行调整，确保钢箱筒顺直平稳地完成抽气自沉。

最后，完成抽气自沉后，启动真空泵，进行抽水负压下沉，基础结构下沉小的一侧先启动真空泵，下沉大的一侧后启动，不间断地观测筒壁水位刻度线，随时反馈，通过对真空泵的控制，确保结构平衡下沉。当潮位达到日最高潮时，再次开启真空泵，通过大气压力和日最大水深压力的组合作用检验钢箱筒是否继续下沉，维持 30~60min，如果钢箱筒基础保持稳定，则下沉结束。

钢箱筒下沉施工如图 4-26 所示。

图 4-26　钢箱筒下沉施工

（2）安装空心方块及抛填块石。

① 空心方块安装。由起重船吊放空心方块，全站仪进行轴线控制。安装时装载空心方块的方驳位于起重船近旁，安放时慢慢靠近已安装好的空心方块，尽量避免空心方块间直接碰撞，以防构件混凝土受损。

② 抛填块石。采用自航驳船装运块石进行抛填施工，空心方块内抛填块石时，要分层阶梯式均匀地抛填，相邻格仓填石面高差控制在 1.0m 以内，以免造成倾斜或隔墙开裂。

空心方块预制施工如图 4-27 所示。

图 4-27　空心方块预制施工

③ 其他。堤心石、护面块体、护底、混合倒滤层以及上部防浪墙施工方法、质量控制要点与抛石斜坡堤结构围埝类似。

第三节 回 填 区

围埝结构完成后，开始回填区施工。回填区所用材质主要是砂或土，施工方法主要有吹填和回填两种方式。回填区施工质量控制标准执行 JST 257—2008《水运工程质量检验标准》。

一、施工方法

1. 吹填

在砂源丰富的滩海地区，可直接在附近采用绞吸船向岛内吹填砂。

为确保围埝安全，堤心砂吹填应采用合理的吹填设备，合理安排吹填顺序和控制吹填施工速率，严禁吹泥管口直接冲击棱体，切忌为抢进度选用超大功率吹填设备而冲毁袋装砂棱体，造成不必要的损失。

冀东南堡油田 1 号构造 3 号人工岛堤心砂吹填与陆域吹填现场施工如图 4-28 所示。

图 4-28 冀东南堡油田 1 号构造 3 号人工岛堤心砂吹填与陆域吹填现场施工图

2. 回填

砂源短缺匮乏的滩海地区，需用运输船从外地运到人工岛附近进行回填。抛石斜坡堤围埝结构、对拉板桩围埝结构以及钢箱筒围埝结构需先进行岛内土工布施工，然后进行岛内回填施工。

1）土工布施工

土工布铺设时，在土工布首端用砂袋进行固定，每半米绑扎砂袋一个，砂袋重量在

30kg 左右。砂袋纵向、横向间距均为 1m，边绑扎砂袋边沉放，土工布铺设过程中要平顺、松紧适宜，不要起皱，相邻块搭接严密，保证搭接宽度不小于 1.0m。沉放 3m 后，向后移船 3m，按绑扎—铺展—移船—定位的程序进行铺设。

人工岛内铺设的土工布如图 4-29 所示。

2）回填施工

根据回填材料不同，岛内可回填砂或土。围埝合拢前，皮带运输船可直接进入围埝内抛填，在抛填过程中应避免堆积高度过大，控制抛填高差不超过 2m。围埝合拢后，皮带运输船移至登陆点外侧通过皮带机将砂或土抛入岛内，低潮位时由位于岛内挖掘机及推土机进行整平。

图 4-29 人工岛内铺设的土工布

二、质量控制要点

（1）确保在指定取砂区进行取砂施工。管线布置要按设计走向进行，在吹填区内设立高程标杆，项目工程师要及时安排测量组对吹填区进行经常性测量，根据实际吹填的进度与成陆情况，及时调整管线间距和管线走向。

（2）根据施工检测测量成果，分析船报方与实际成陆的比例关系，来推算施工进度，这样的预控方法有助于吹填土质量的控制。

（3）在吹填区设立沉降杆，通过对施工中沉降量的观测来确定应预留的吹填富裕高度，确保成陆后的高度符合设计要求。

（4）施工过程中，及时调整出泥口出泥走向，加接延伸管线，确保吹填区的平整度及控制超高量。

（5）加强现场观测，经常分析泥沙流向和堆积情况，如发现泥沙流失等，应采取紧急措施。

（6）施工船舶进入指定取砂区后，船舶相关人员根据取土区的钻探资料，结合施工船舶自身施工工艺需要，合理控制挖泥深度，发现土源与要求吹填的土质不符时，施工船舶应及时调整取土位置。

（7）岛内砂、土回填施工应在混合倒滤层及土工布施工完成后进行。

（8）回填的砂或土应分层进行碾压，碾压的密实度应达到设计规范的要求。

第四节 其他相关配套设施

人工岛结构除围埝结构、回填区外，其他相关配套设施包括船舶停靠点和消防取水设施。

一、登陆点

软土地基船舶停靠点基础可采用钢箱筒基础或桩基础，施工质量控制标准执行 JTS 257—2008《水运工程质量检验标准》和 JTS 202—2011《水运工程混凝土施工规范》。

1. 钢箱筒基础登陆点

1）施工工艺流程

钢箱筒基础登陆点施工工艺流程主要包括钢箱筒基础施工、空心方块施工、胸墙施工等，施工工艺流程如图 4-30 所示。

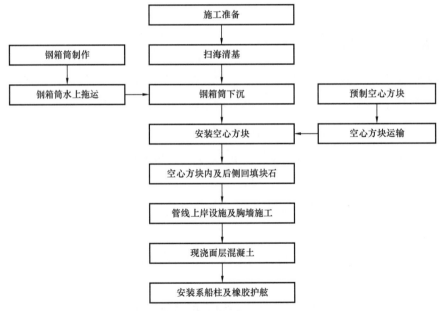

图 4-30　钢箱筒基础登陆点施工工艺流程图

2）施工及质量控制要点

钢箱筒基础船舶停靠点主要包括钢箱筒基础、混凝土空心方块、胸墙及靠船配件等。

钢箱筒结构沉入到地基土中后，在钢箱筒的顶板上四周放置钢筋混凝土空心方块，在空心方块内部和其围成的中部区域内回填块石，然后在空心方块顶部浇注混凝土胸墙以及管线沟，最后在胸墙上安装系船柱和橡胶护舷。

在进岛方向，在设置海底管线直立上岸固定件，并布置管线沟。

（1）钢箱筒基础及空心方块施工。钢箱筒基础及空心方块施工及质量控制见钢箱筒围埝结构。

（2）管道上岸设施施工。安装上部的空心方块时，在空心方块外壁上安装预制好的钢筋混凝土悬吊板，并在浇注悬吊板时预埋经过防腐处理的钢板和螺栓来固定管线。空心方块顶部设管沟，管线沿管沟进入岛内。

管线上岸设施如图 4-31 所示。

（3）现浇胸墙混凝土。胸墙混凝土在钢箱筒结构基础下沉到位、空心方块内和后侧抛填块石完成 30 天后开始浇注，胸墙混凝土有抗冻要求。

胸墙混凝土采用混凝土拌和船泵送浇注入模，分层下灰，分层振捣。浇注时分段对称进行，胸墙混凝土浇注后做好养护，养护时间按规定执行。养护时，用土工布覆盖胸墙，喷洒淡水养护，以保持混凝土表面湿润为宜。

严格按相关规范进行混凝土质量控制，对入模前混凝土的坍落度、入模温度进行检测，在混凝土浇注现场抽样制作试块，留置数量符合规范要求。根据试块的试压强度确定脱模时的混凝土强度，在终凝后，及时刷养护液，防止裂缝发生。控制混凝土入模温度不超过 28℃。高温季节混凝土浇注时间，选择在早、晚气温较低时进行施工。

钢箱筒基础登陆点靠船设施如图 4-32 所示。

图 4-31　管线上岸设施　　　　图 4-32　钢箱筒基础登陆点靠船设施

2. 桩基础登陆点

1）施工工艺流程

桩基础登陆点施工工艺流程主要包括浅滩挖泥、钢管桩制作、沉桩、墩台和桩帽施工、混凝土构件预制、混凝土构件安装、登陆点上部结构施工、牺牲阳极安装、钢吊桥安装等关键工序。施工工艺流程如图 4-33 所示。

2）施工及质量控制要点

（1）浅滩挖泥施工。如工程所在海域水深不满足打桩船吃水要求及运桩吊桩所需宽度则需挖泥进行处理。

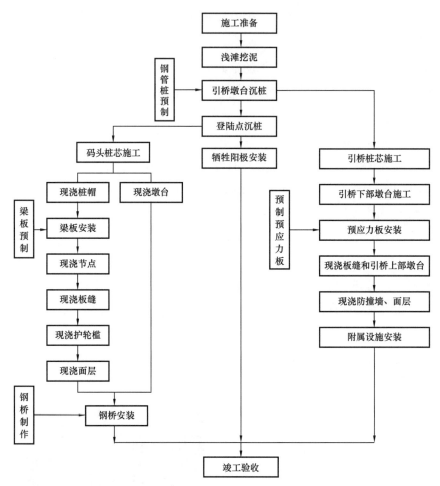

图 4-33　桩基础登陆点施工工艺流程图

挖泥施工前应建立总挖泥施工区域网格图和各区段挖泥网格图，挖泥过程中随时在网格图上标明完成区域的位置等挖泥情况，在网格图上做好详细的施工记录，以便于每作业班交接作业和防止漏挖及重复施工，按要求要求，将泥驳拖至指定位置进行抛泥。

（2）钢管桩预制。钢管桩在厂内完成单管制作，单管每节长 10～15m，包括下料、打坡口、压边、卷圆、短节拼装、焊接、检验及防腐，陆运到拼接现场拼制成整桩。

（3）沉桩。选取适合的打桩船及钢管桩运输驳船，驳船上配备符合要求的锚系设施。沉桩定位采用"海上远距离 GPS 打桩定位系统"来实现。该系统由两台 GPS 流动站及两台测斜装置以 RTK 方式实时控制船体的位置、方向和姿态，同时，配合两台固定在船上的免棱镜测距仪测定桩身在一定标高上的相对于船体桩架的位置，由此推算出桩身在设计标高上的实际位置，并显示在系统计算机屏幕上。通过与设计坐标比较，进行移船就位，直至偏位满足设计要求后，下桩开打。

桩身的倾斜坡度由固定在桩架上的传感器测定，并据此调整桩架倾角以满足设计要求。系统能够自动监测锤击数、贯入度以及桩顶标高，并反映在计算机屏幕上，同时在沉桩结束后打印沉桩记录。

（4）墩台和桩帽施工。根据墩台形式、工程量大小及相关规范要求选择整体一次浇筑或分步浇筑。

在底模板安装定位之后，在底模上放出边线，以保证钢筋间距准确，而后进行现场绑扎。

混凝土浇筑采用水上混凝土搅拌船进行。混凝土输送泵下灰，振捣棒振捣。混凝土分层进行浇筑，每层浇筑厚度为 30cm，混凝土振捣采用插入式振捣器定人、定位振捣的方法，防止出现漏振或过振等现象。振捣时，要遵循垂直插入混凝土中，并快插慢拔的原则，上下抽动，以利均匀振实，保证上下层结合成整体。振捣器应插入下层混凝土中不少于 50mm，且应先从近模板处开始，先外后内，移动间距不应大于振捣器有效半径的 1.5 倍。振捣棒中心距离模板面距离不要过大，以不超过 12～15cm 为宜，严禁紧贴模板面进行振捣，并应尽量避免碰撞钢筋、管件、预埋件等。

（5）混凝土构件预制及安装。混凝土预制构件一般在预制厂预制加工。梁、实心板、靠件等一般为非预应力构件。空心板为预应力构件，采用先张法或后张法，长线台座生产。

混凝土预制构件从预制构件厂装船，运到施工现场，起重船安装。预制梁和面板采取层层控制标高及边线的安装工艺。构件安装应计算选用相应的起重船进行吊装。

（6）牺牲阳极安装。阳极外表应无氧化渣和毛刺飞边，工作面保持干净，不得沾有油污和油漆。阳极与铁芯之间接触电阻小于 0.001Ω。

牺牲阳极安装质量的好坏，直接影响到阳极的发生电流量、溶解性能和使用寿命。牺牲阳极安装必须牢固可靠，与钢管桩电性导通好，保证牺牲阳极与被保护体的接触电阻满足设计和规范的要求。

牺牲阳极安装前应测量钢管桩的自然电位，待牺牲阳极全部安装完成后，测定阴极的保护效果，保护电位须满足设计要求。

（7）钢吊桥安装。在天气等外在因素允许的情况下进行桥体的安装。由于主铰链轴较重，在两主铰链座板外侧各安装一临时支架，配上小吨位导链和千斤顶，用于挂主铰链轴和调节轴的位置，便于穿轴。起重船将钢桥对应一端移至主铰链座板处，另一端由临时牛腿支撑，起重船不断调节位置，以便于主铰链轴顺利地安插。在整个过程中，起重船始终处于受力状态，直到两个主铰链轴和定位板安装完毕。最后拆除支架及辅助工具。

在吊装门架之前，为避免油缸碰撞，先将油缸一端安装于门架横梁上，另一端固定于门架两个立柱上。门架安装前须测量门架中心间距的实际值，根据实测值放样，预先搁置定位板，保证门架安装数据准确。准备就绪后，开始吊装门架，吊装过程应保证慢速轻缓的移动，直到门架立柱底部紧贴定位板，然后进行封焊。待液压油缸安装和试压完毕后，操作油缸将桥体提至顶部，拆除临时牛腿。

二、消防储水设施

1. 消防储水罐

消防储水罐采用钢箱筒基础＋钢筋混凝土圆筒结构，上部的圆筒存储消防用水；同时，可起到防波堤的作用，节约了人工岛使用面积。钢箱筒基础浮运或运输船运至现场定位下沉到设计标高后，现浇上部钢筋混凝土圆筒。

1）施工工艺流程

消防储水罐施工工艺流程主要包括钢箱筒基础施工、钢筋混凝土圆筒施工等，施工工艺流程如图 4-34 所示。

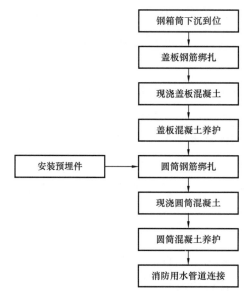

图 4-34 消防储水罐施工工艺流程图

2）施工及质量控制要点

（1）钢箱筒基础施工。

见本节第一部分。

（2）钢筋混凝土圆筒施工。

① 混凝土浇筑。竖向钢筋分两段进行绑扎，其他钢筋分层绑扎。严格按照配合比拌制混凝土，并满足抗冻要求，采用泵送的方式将混凝土运送至浇注现场。

确定施工顺序后，用插入式振动棒进行初步振捣，严格控制振捣时间，以混凝土表面出现返浆气泡和不再沉陷为度，保证砼含气量和振捣密实，振动棒应尽量下插，最后收面两次，避免出现裂缝。混凝土浇注完后，用麻袋完全覆盖，定时洒淡水养护。混凝土的搅拌、振捣、养护符合设计及规范要求。

② 混凝土大圆筒防腐。海洋环境恶劣，腐蚀性强，钢筋混凝土大圆筒的防腐工作至关重要，主要包括基层处理、封闭漆封底、整体涂装等。

首先，进行基层处理。将基层表面的浮灰、水泥渣及疏松部位清理干净，较大的蜂窝孔洞用环氧腻子修补并对基层进行打磨平整。局部受油污污染的混凝土表面，用溶剂擦洗。

其次，进行封闭漆封底。混凝土养护达到设计强度后，涂装封闭漆，不要遗漏裂缝蜂窝、麻面、孔洞、砂眼、凹坑处。

最后，进行整体涂装。整体涂装时，漆膜厚度控制通过测量湿膜厚度进行控制。

2. 消防集水井

在围埝结构中设置消防取水井结构，利用围埝毛石缝隙中的海水通过集水管涵流入集水井中，集水井上部安装消防水泵及阀门结构，既能满足消防用水需求，又不占用人工岛有效使用面积。

该结构由集水井和集水箱涵组成。集水井结构为一预制混凝土箱体结构，竖向放置于经处理的基础上，其根部设置通水孔，与两侧的集水箱涵和周围的抛石孔隙连通，集水井的上部可根据需要分步接高。集水箱涵结构用于收集抛石围埝中的孔隙水，平放在集水井两侧，其顶板和侧板均设有进水孔，以便于抛石围埝孔隙中的海水进入并储积下来，从而满足消防取水的需求。

1）施工工艺流程

消防集水井施工工艺流程主要包括基槽开挖、集水井、集水箱涵安装及集水井上部接高等，施工工艺流程如图 4-35 所示。

2）施工及质量控制要点

（1）基槽开挖。采用挖泥船进行基槽开挖，先用 GPS 对挖泥船舶进行定位，确定挖泥范围。采用长臂挖掘机对基坑进行粗挖，挖斗进行细部处理。泥驳停靠在挖泥船侧面，挖掘机和挖出的泥装在泥驳上，淤泥抛填至指定的抛填区域。

基槽开挖时，挖泥人员随时观测水位，勤打水砣测控挖泥标高，严格进行挖泥误差控制，保证坡比及底面平整度。施工断面完成后，用水砣测量泥面标高。施工段尽可能短，抛砂量一次成型，避免分层间夹有回淤的淤泥。

（2）集水井、集水箱涵安装。集水井和集水箱涵采取陆上预制，海上运输、安装的方式。将预制好的集水井竖直安放在整平后的二片石基础上，沿着防浪墙轴线方向，在集水井的两侧各布置 15m 长的集水箱涵。每侧紧临集水井结构的一组集水箱涵结构水平放置，其他放置于 1：5 的斜坡面上，端头两侧的集水箱涵设端头封板。

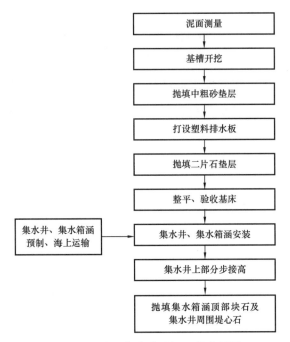

图 4-35　消防集水井施工工艺流程图

为防止发生倾斜，及时抛填集水箱涵顶部块石与集水井周围堤心石。集水箱涵周边及集水井底部透水孔周边抛填 50～100kg 的块石，其他区域抛填 10～100kg 的堤心石。抛石过程中要对称抛填，保证集水井均衡受力，使集水井安装后及时具备抗放浪能力，不至于倾斜或倾倒。

集水井安装施工如图 4-36 所示。

图 4-36　集水井安装施工

（3）集水井上部接高。集水井上部分两步进行接高：第一步接高待围埝第一次抛石完成后，根据观测数据确定接高高度；第二步接高待防浪墙及路面施工完成后进行，顶标高与周边建筑物保持一致。接高完成后，抛填集水箱涵顶部块石及集水井周围堤心石至设计标高，最后浇筑混凝土顶板。

参 考 文 献

［1］苟三权，常学军，焦向民，等．南堡滩海油田开发配套技术［M］．北京：石油工业出版社，2012.

第五章
运行管理与维护

人工岛构筑物是滩海油气田钻井、采油、修井、油气处理、海上运输等作业活动和工作人员的生产办公场所，是滩海油气田重要的结构形式之一，其稳定性直接关系岛上建筑物、设备设施和人员的安全。在油气生产过程中，人工岛构筑物的运行管理与维护工作至关重要。

第一节　人工岛运行管理主要风险及影响因素

滩海人工岛处在复杂的海洋环境中，建设于软土地基上，受到风浪、海流、海冰、风暴潮和地震等多种环境因素的共同作用，运行过程中会出现护坡冲刷掏空、岛体不均匀沉降、构件腐蚀等现象，这些问题如不及时发现和治理，会逐年加剧和恶化，使维护难度加大，成本费用增加，甚至直接威胁岛体、上部工艺设施及管道的安全。

一般来说，随着人工岛使用年限的增加，岛体回填区结构沉降趋于稳定，而护坡护底的运行风险逐渐增大，登陆点钢筋砼结构腐蚀问题也日益突出。只有清楚地掌握人工岛存在的主要风险以及风险产生的原因，才能更好地对人工岛加以管理，保障结构设施的安全稳定。

一、人工岛运行主要风险

滩海人工岛在整个生命周期中常见的主要风险包括护坡护底冲刷、不均匀沉降、登陆点结构损伤等。

1. 护坡护底冲刷

护坡和护底可起到保护人工岛吹填区和周围地基结构稳定的作用，人工岛地处开敞海域，在使用过程中，波浪、潮流、海冰等海洋环境因素对人工岛护坡的稳定性影响较大，长时间作用会造成不同程度的损毁，当严重时会出现护面层大面积散乱、缺失，护底冲刷、位移明显等情况，一般当护面出现局部散乱、护底沉降明显时就应该引起高度关注并进行治理。辽河油田海南 8 人工岛仅投产 3 年，护坡和护底受波浪冲刷，大量块体流失，其强浪向西南角和西北角受波浪的影响最大，护坡底部块石脱落极为严重，岛体安全受到严重威胁（图 5-1）。

图 5-1 海南 8 人工岛护坡护底冲刷

波浪和海流对护坡护底的冲刷作用是长期存在的，因此，受损的护坡护底在治理后经过一段时间仍可能会再次遭受破坏。埕海 1-1 人工岛自 2006 年投用，到 2012 年，其东北侧围埝护底和进海路护坡块石冲刷沉降缺失严重，经过治理后，2014 年，其维护加固区域又出现掏空沉陷现象（图 5-2 和图 5-3），需要进一步维护治理。

图 5-2 2014 年埕海 1-1 人工岛东北侧局部扭王字块护面出现沉陷

图 5-3 2014 年埕海 1-1 人工岛进岛路护坡块石冲刷缺失

渤海海域处于我国大陆性季风气候区，在西伯利亚寒潮南下的影响下，冬季发生结冰现象，一般辽东湾冰情较为严重，重冰年时渤海湾海冰也会较为严重，对结构物造成严重破坏。2010 年初，渤海湾区域发生严重冰情灾害，不仅影响了渤黄海主要港口的正常营运，造成沿海水产养殖严重损失，而且也影响了辽河油田和大港油田滩海区域的正常营运，其中大港滩海进海路路面设施破坏严重（图 5-4），护坡块体在海冰的挤压、卷携作用下出现散乱（图 5-5）。

2. 不均匀沉降

不均匀沉降是构筑物使用过程中普遍存在的问题，构筑物上部荷载分布、持力层地基土厚度和持力层地基土下卧层分布不均匀等情况都会造成土体的不均匀压缩变形，地表

图 5-4　2010 年 1 月埕海 1-1 人工岛进海路冰情

图 5-5　2010 年 2 月 22 日埕海 2-2 人工岛冰情

平整度发生变化。因为人工岛建于软土海床上，受吹填标高较高或地基处理不当等因素影响，在投入使用后，围堤和回填区往往会出现不均匀沉降现象，尤其在投产初期表现最为明显。围堤沉降一般会造成防浪墙错位、剪切，严重时造成墙体断裂甚至倒塌，回填区沉降一般会造成地面塌陷、管道倾斜，严重时造成设备基础倾斜、上部工艺管道断裂。

图 5-6　NP1-3D 岛体吹填区地面沉降塌陷

NP1-3D 于 2008 年建成后，在地基处理措施不充分的情况下，短期内建设集输处理设施，导致 2009 年地面集输系统投产初期集输处理区域地面下沉严重（图 5-6），管道倾斜沉降、连接法兰错位（图 5-7）。NP1-3D 登陆点引堤段由于沉降不均，运行初期防浪墙联结缝即发生错位，高度达到 10cm（图 5-8）。

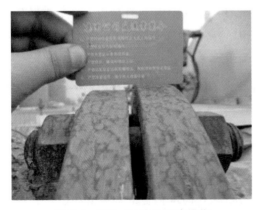

图 5-7　NP1-3D 法兰沉降错位

图 5-8　NP1-3D 登陆点引堤防浪墙沉降错位

NP1-2D 岛体与登陆点之间引堤在运行过程中发生严重的不均匀沉降，并造成沿引堤左侧敷设的管线发生挠曲（图 5-9）。2016 年，冀东油田对 NP1-2D 应用地质雷达方法进行引堤段检测，发现引堤 B、C、D、G 测线 30~40m，深度方向 2~6m 区域面层与下部填筑砂层之间存在裂缝、空洞等缺陷（图 5-10），分析为该区域的围堤土工布存在破损点，海水的冲刷作用造成该区域砂石流失，其根本原因是由于人工岛岛体围堤和引堤段围堤结构设计形式不一致，岛体围堤采用"膜袋填砂 + 块石 + 砼块"结构形式，引堤段围堤采用"块石 + 土工布 + 砼块"的结构形式，岛体围堤较引堤段围堤更稳定，造成两结构间的不均匀沉降。

图 5-9　NP1-2D 混输海管引堤段不均匀沉降

图 5-10　引堤段地质雷达测线布置图

3. 登陆点结构损伤

登陆点结构类似于码头，结构形式主要有重力式、板桩式和高桩式等，无论哪种结构形式，都是由主体结构和上部设备两部分组成。主体结构包括上部结构、下部结构和基础。上部结构作为设置防冲设施、系船设施、工艺设施和安全设施的基础，将下部结构的构件连成整体，并直接承受船舶荷载和地面使用荷载，并将这些荷载传给下部构件。下部结构和基础的作用是支撑上部结构形成直立岸壁，将作用在上部结构和本身上的载荷传给地基。登陆点设备用于船舶系靠和装卸作业。登陆点在使用过程中受外部环境作用和自身结构老化的影响，不可避免地会发生结构腐蚀和劣化（图 5-11 至图 5-13），需要及时维护才能使其保持良好的运行状态。

登陆点的面板、钢结构、钢管桩等结构受海上风浪、潮湿空气和海冰的影响容易发生钢结构和钢筋砼腐蚀，严重时会发生钢筋锈蚀缩径、钢材大面积锈蚀、钢管桩锈坑孔洞，影响登陆点正常使用和整体稳定。一般情况下，结构出现裂缝、露筋，涂层脱落面积达到 10% 时就应及时维护。

图 5-11　冀东油田登陆点钢管桩锈蚀

图 5-12　冀东油田登陆点承台钢筋砼腐蚀

图 5-13　冀东油田登陆点引堤路面混凝土劣化

除自然环境影响外，还存在人为的或其他不可预见因素会造成登陆点的结构破坏，如船舶对登陆点的撞击。2015 年，由于 NP4-1D 附近海域突然起风，偏南向阵风达到 9～10 级，造成即将离泊的油轮撞向登陆点东侧钢管桩，造成钢管桩断裂，如图 5-14 所示。

图 5-14　冀东油田 NP4-1D 登陆点钢管桩船舶撞击断裂

二、影响因素分析

人工岛在滩海油气田勘探开发中发挥了重要作用，为了保障安全运行，应对影响人工岛安全运行的风险因素加以识别和分析，在此基础上采取科学的监测、维护和管理措施，使风险可控。人工岛进入使用期后，近海海域的风、浪、流、冰等动力因素常伴随在一起共同作用于人工岛，不可避免地影响着人工岛构筑物的安全稳定；此外，设计和施工也可能会带来一些安全隐患，运行期的各类作业和施工同样会对人工岛的安全运行带来不利影响。因此，须对人工岛在运行期内可能出现的主要缺陷和产生原因有一定的认识和了解，目前，人们所认识的主要风险和原因分析见表 5-1。

表 5-1　人工岛构筑物风险辨识清单

结构名称		可能出现的缺陷	产生原因
人工岛岛体	回填区	沉降、塌陷、由沉降引起的地上构筑物倾斜	荷载分布不均； 超设计荷载； 地基沉降不均； 土体流失
	护面护底结构	块体或块石移位、脱落，局部或整体滑移、沉降	潮流、波浪冲刷作用； 海冰挤压或裹挟作用； 风暴潮； 岛体附近海床变化
		块体或块石流失，局部或整体发生沉降、位移	潮流、波浪、风暴潮、海冰冲刷作用； 岛体附近挖砂、取土
	防浪墙	联结缝错位、墙体断裂，混凝土表面破损、钢筋腐蚀	防浪墙附近堆载过大； 氯离子渗透造成钢筋砼构件腐蚀； 堤心不均匀沉降； 风暴潮、海冰等自然灾害

续表

结构名称		可能出现的缺陷	产生原因
登陆点	面板	面层出现裂缝、剥落，墩台、横梁、纵梁、预应力和非预应力板等发生钢筋砼腐蚀	长时间使用，涂层脱落；氯离子渗透造成钢筋砼构件腐蚀；混凝土保护层偏薄
	钢构件	构件变形、开焊，栓接节点松动，涂层脱落，钢材锈蚀	超载、撞击；潮湿空气、海水影响产生电化学腐蚀
	钢筋混凝土桩	涂层脱落，钢筋砼腐蚀，结构失稳	冰荷载作用；氯离子渗透造成钢筋砼构件腐蚀
	钢管桩	涂层脱落，阳极块损耗或掉落，钢管发生腐蚀，结构变形	冰荷载作用；钢管桩发生电化学腐蚀；滩面表层土冲刷影响；海生物影响
	栈桥	登陆点引桥和人工岛引堤差异沉降，局部塌陷	地基沉降不均；反渗结构老化或破损
进海路和连岛路		路面坑洼或裂缝严重，路基损坏，护坡和护底块体或块石移位、脱落，局部或整体滑移、沉降	超载；不均匀沉降；潮流、波浪冲刷；路附近挖砂、取土

第二节　人工岛运行管理

最初，滩海人工岛在"石油人"的眼中是固若金汤的，运行管理方式也处于出现隐患后的被动维护型管理模式。近年来，随着海上石油生产规模的不断扩大，国家相继颁布了一些与海洋石油生产设施相关的法律法规，在海域使用、海洋环境保护等方面提出了新的要求；同时，在滩浅海人工岛使用数量增加以及使用过程中各种风险逐步显现，石油企业日益关注海洋环境和人工岛稳定性的交互影响，开展了人工岛岛体稳定性监测与评价、人工岛构筑物分级评价与管理等技术研究工作，并制定了滩海人工岛工程监测技术规范、滩海人工岛构筑物管理规范等企业标准规范。从而，从本质上保障了人工岛的运行安全，滩海人工岛的运行管理在科学研究和实践应用的基础上逐步走向规范化和精细化。

一、检验要求

为了保证海上油气生产设施的安全运行，国家和行业相继颁布了相关法律法规和标准规范，要求海上设施在运行期要定期进行检验。

2006年国家安全生产监督管理总局发布《海洋石油安全生产规定》（安监总局第4号令）对我国海洋石油设施的安全生产使用提出明确规定，第二十五条：在海洋石油生产设施的设计、建造、安装以及生产的全过程中，实施发证检验制度。

2010 年，石油行业颁布了 SY 6500—2010《滩（浅）海石油设施检验规程》，第 3.1 条规定："凡在中华人民共和国浅（滩）海水域内石油生产设施，包括海上固定平台、海底管线、海上输油（气）码头、滩海陆岸、人工岛和陆岸终端等海上和陆岸结构物，都应由国家主管部门认可的发证检验机构进行发证检验，并应取得相应的有效证书"。第 3.2 条规定："发证检验机构对浅（滩）海石油生产设施的发证检验分为建造检验、作业中检验。建造检验分为设计审查和建造施工检验。作业中检验分为年度检验、定期检验和临时检验。作业中的检验系指浅（滩）海石油生产设施在投产至报废期间为保证其证书的有效性，由作业者委托的经国家主管部门认可的发证检验机构进行的检验"。

根据 SY 6500—2010《滩（浅）海石油设施检验规程》，滩海人工岛、登陆点及进海路等结构物在生产使用过程中必须取得年度和定期检验合格证书，且委托的检验单位须具有国家安全生产主管部门认可颁发的海洋石油生产设施发证检验机构相关资质。人工岛检验分为年度检验、定期检验和临时检验，其中：年度检验的时间间隔为 1 年，应在上一年度检验合格签证日期后，每周年前后 3 个月内进行。定期检验的时间间隔为 5 年，应在现有证书到期前后 3 个月内进行，定期检验可代替年度检验。当对岛体结构实施改造或遇自然灾害或生产安全事故对岛体结构造成损害进行修复时，应进行临时检验。

根据 SY 6500—2010《滩（浅）海石油设施检验规程》，一般对人工岛、登陆点及进海路的检测内容要求如下：

（1）人工岛岛体年度检验的检验内容包括人工岛岛体的位移、沉降情况，围埝、护坡、防浪墙的完整性，排水管道、砖砌窨井和混凝土盖板的使用状况，以及岛上填充沙标高和平整度等。

（2）登陆点年度检验的检验内容包括码头功能、荷载情况、桩基稳定、上部结构（包括梁、板和混凝土面层状况等），设施情况（包括护轮坎、护舷、系船柱、栏杆和钢梯等），引桥桩基和墩台结构等。

（3）进海路年度检验与人工岛岛体检验类似，除对路体结构、防浪墙、堤角进行检验外，还须对通水引桥的结构、混凝土灌注桩的外观、沉降等情况进行检验。

（4）滩海人工岛、登陆点及进海路等结构物的定期检验除应按年度检验项目进行检验外，还应对水线以下原设计护底区域进行测深、检查海底冲刷情况等。

二、运行管理方法

油气田企业在滩海人工岛运行过程中，除满足国家法律法规和行业标准规范要求外，还结合油田生产实际，在风险识别、检测监测、风险评价、维修维护等方面制定了相应的规章制度和操作规程，引入分级管理方法，完善巡视、检测制度，及时对隐患进行治理，保障滩海人工岛的安全运行。

1. 常规管理

人工岛竣工验收后进入生产使用阶段，首先应将基础管理工作放在首位，生产使用单位应在掌握人工岛结构设计标准和竣工验收参数的基础上，建立人工岛运行管理制度，明确管理部门及职责、巡视和监测制度、维护管理制度和应急管理制度等并建立相应档案，保证人工岛结构物的有效管理和安全运行。

人工岛构筑物可按其结构特点和功能特点进行有针对性的管理，管理内容应包含人工岛围堤、人工岛吹填区、登陆点及引桥、进海路和连岛路等结构和附属工程设施等。

人工岛结构安全运行最关键的因素在于围堤（护坡护底）的稳定性，在日常的巡视和检测中，重点关注以下管理保护范围：防浪墙以内 30m，防浪墙以外 350m。在管理保护范围内不得进行钻探、堆土或挖沙取土等有害围堤安全和正常运行的活动，围堤块体不能出现错位和沉降，防浪墙不能存在明显的裂纹和倾斜，护底应平整、无冲刷。

人工岛回填区的稳定性关系到岛上设备设施及管道的安全运行，因此，人工岛吹填区域有重要的地面构筑物，尤其是以天然地基为基础的，不允许出现大的裂缝和不均匀沉降，吹填区沉降导致管线倾斜的应及时治理，消除管道应力。

登陆点及引桥是海上人工岛人员和设备运输的重要设施，运行管理中应严禁恶劣天气通航，应根据相关规定确定允许通航的风力、浪高和能见度等条件，防止船舶靠离岸过程中对靠船墩等临岸设施的过度撞击，一般靠泊登陆点的环境条件为：风力小于 6 级，浪高小于 1.5m，能见度大于 0.5n mile。受海上风浪和潮湿气候影响，钢管围栏、防撞柱、登船踏步等钢结构设施容易发生锈蚀，墩台、预应力空心板等钢筋砼结构也容易受侵蚀造成钢筋腐蚀，钢管桩在涂层脱落、阴极保护电位偏低时会发生电化学腐蚀，在飞溅区更容易发生管壁减薄的情况。因此，应加强登陆点和引桥结构的日常维护和水下检测，钢管桩、钢结构和钢筋砼结构防腐涂层受损后应及时修复。

进海路和连岛路中心线两侧外各 300m 为管理保护范围，同时，还应注意通水引桥的桩基、桥墩及面板的防腐。

人工岛附属设施包括人工岛防汛道路（环岛路）、进海路和连岛路路面、供排水设施、供电照明设施和助航标志等，要保证这些附属设施结构完整、功能可靠、防腐良好。

2. 巡查和监测

为及时发现人工岛潜在的风险和缺陷，保障人工岛结构设施安全稳定，巡查及监测必不可少。

巡查是指对人工岛海平面以上结构、附属设施和监测设备、人工岛周边作业情况等进行巡视检查，人工岛管理单位应制定日常巡查报表并安排专（兼）职人员进行巡查并形成记录，巡查内容可参照表5-2，人工岛管理单位每天应对周边海域作业情况进行巡查，巡查过程中发现有吸沙作业或其他可能危及岛体安全的作业时应立即报告，如发现有缺陷和损坏部位应有详细记录和说明，必要时进行图像记录。

监测是指对人工岛结构沉降、位移以及人工岛海平面以下结构和周边水域冲淤情况等利用相关设备仪器进行测量，人工岛结构沉降、位移监测频次应根据人工岛规模和风险等级来确定，人工岛海平面以下结构和周边水域冲淤情况监测频次一般不超过一年一次，定期监测内容可参照表5-3，如遇风暴潮、寒潮等灾害性天气或突发性地质灾难后应进行专项检查。

表 5-2　人工岛结构巡查内容

人工岛结构	巡查内容
吹填区	（1）岛上填冲砂平整度变化情况； （2）吹填区有无坍陷、砂土流失等现象； （3）防浪墙附近的堆载（堆土、重装设备等）情况
防浪墙	防浪墙破损、移位情况
护坡结构	（1）护坡块体破损、塌陷、裂缝和滑移等异常现象； （2）堤身与防浪墙、棱体平台等结合部位完整性； （3）护岛潜堤块石冲刷、缺失情况
登陆点	（1）护舷完好状况，系船柱、栏杆、钢梯等锈蚀情况； （2）桩基、墩台结构裂纹、腐蚀、露筋情况； （3）上部结构的梁、板、混凝土面层裂纹、劣化状况； （4）钢引桥液压系统工作情况，钢结构变形、结构防腐涂层等
连岛路和进海路	（1）通水引桥混凝土灌注桩的外观； （2）通水引桥结构有无破损、结构有无裂缝、变形； （3）其他检查内容同护坡结构
附属设施	（1）环岛路、进海路和连岛路路面沉降、有无塌陷等情况； （2）登陆点供水消防设施和人工岛排水设施完好性； （3）助航标志（航标灯、雾笛等）的完好性
监测设备	静力水准仪、固定测斜仪、水准标志点、GPR1圆棱镜、卫星定位接收系统等仪器仪表完好性
周边海域	（1）管理和保护范围内钻探、吸沙等船舶和其他异常情况； （2）冬季注意周围海冰情况，防止海冰对人工岛岛体护坡、登陆点钢管桩、进海路护坡和通水引桥的破坏作用

表 5-3　人工岛结构监测内容

人工岛结构	检测内容
吹填区	岛上吹填区标高
防浪墙	防浪墙沉降、水平位移
护坡结构	（1）护坡沉降、位移情况； （2）护底结构的完整性、水下冲刷情况； （3）膜袋的老化、破损情况
登陆点	钢管桩水下状况
连岛路和进海路	（1）通水引桥混凝土灌注桩的水下状况； （2）其他检查内容同护坡结构
周边海域	管理和保护范围内水深、滩面冲刷或淤积情况

3. 分级管理

传统的管理方法无法对滩海构筑物的在役状态、风险等级进行量化评价，巡查和监测数据没有得到充分有效的利用，无法对构筑物的本质安全进行科学的评价，维护管理措施缺乏针对性。因此，一些石油企业借鉴完整性管理理念，参考相关行业做法，摸索出了人工岛构筑物分级管理方法。

2013 年，交通运输部制定的 JTS 310—2013《港口设施维护技术规范》提出了港口设施技术状态类别划分方法，它根据港口设施的主要技术状态和附属设施的技术状态对设施的使用性能和安全性能影响程度不同进行状态分级。但该规范没有给出定量判别的方法，实际操作时无法根据规范准确判定码头的技术状态，普遍根据多年的实际工作经验来衡量。如果一定要从定量的角度去判别，则需要根据 JTJ 302—2006《港口水工建筑物检测与评估技术规范》进行，该规范给出了进行量化的计算指标，作为计算依据可进行参考，但计算过程非常复杂，计算方法还不成熟，最大的缺陷是标准没有对相应的技术类别提出明确具体的管理措施。

中国石油根据所辖区域人工岛和外部环境特点，通过可能出现的缺陷类型以及产生的原因分析，借鉴水运工程管理经验，结合自身特点，分别于 2010 年和 2017 年制定了企业标准《滩海人工岛工程监测技术规范》和《滩海人工岛构筑物管理规范》。

由于滩海石油人工岛构筑物的风险等级要高于一般港口设施，在《滩海人工岛构筑物管理规范》标准制定中，进行了如下几方面的的细化：

（1）根据滩海人工岛构筑物的结构特点和风险辨识，建立了在役状态分级标准，并根据对于在役状态分级评定结果，提出来相应管理措施；

（2）创建了岛体回填区、连岛路与进岛（海）路的在役状态分级；

（3）完善了防浪墙在役状态分级。

人工岛岛体回填区、护坡与护底结构、防浪墙、登陆点、进岛路和连岛路等结构根据损坏严重程度将在役状态分为5级，一级为良好，二级为较好，三级为较差，四级为差，五级为危险，见表5-4至表5-8。人工岛各组成结构状态级别的确定是人工岛构筑物整体状态级别评定的基础。人工岛构筑物的状态分级依据重要部位、次要部位、沉降、位移或变形及承载力等情况也分为5级，应根据人工岛构筑物在役状态分级情况采取相应的管理措施，见表5-9。

岛体回填区在役状态分级除应符合表5-4的规定，还应参照岛上生产设施和结构物在役状态综合考虑。

表 5-4　岛体回填区在役状态分级

部位	在役分级				
	一级	二级	三级	四级	五级
岛体回填区	基本无沉降，整体稳定	无明显沉降，整体稳定	有明显沉降，整体稳定	沉降较大，但发展缓慢，影响整体稳定	沉降严重，呈发展趋势，严重影响整体稳定

注：表中沉降主要指异常沉降。

护坡与护底结构在役状态分级见表5-5。

防浪墙在役状态分级见表5-6。

表 5-5　护坡与护底结构在役状态分级

部位	在役分级				
	一级	二级	三级	四级	五级
护坡结构	基本无沉降、基本无位移，整体稳定	护面层略有散乱；无明显沉降、无明显位移，整体稳定	护面层局部散乱，小于10%块体缺失；有明显沉降、无明显位移，整体稳定	护面层散乱，10%～20%块体缺失，垫层局部暴露；沉降较大，有明显位移，但发展缓慢，影响整体稳定	护面层严重散乱，20%以上块体缺失，垫层暴露广泛；沉降和位移严重，呈发展趋势，严重影响整体稳定
护底结构	基本无沉降、基本无位移，整体稳定	局部冲刷流失；无明显沉降、无明显位移，整体稳定	明显冲刷流失，影响局部堤身稳定。有明显沉降、无明显位移，整体稳定	严重冲刷流失；沉降较大，有明显位移，但发展缓慢，影响整体稳定	沉降和位移严重，呈发展趋势，严重影响整体稳定

表5-6　防浪墙在役状态分级

部位	在役分级				
	一级	二级	三级	四级	五级
防浪墙	基本无沉降，或有轻度损坏，整体稳定	小于10%轻度损坏，无明显沉降，整体稳定	10%～20%的轻度损坏，或小于10%的中度损坏。有明显沉降，整体稳定	20%以上轻度损坏，或10%以上中度损坏。沉降较大，但发展缓慢，影响整体稳定	沉降严重，呈发展趋势，严重影响整体稳定

登陆点（应急停靠点）在役状态分级见表5-7。

表5-7　登陆点（应急停靠点）在役状态分级

部位	在役分级				
	一级	二级	三级	四级	五级
面板	完好，或轻度表面损坏，无锈迹，整体稳定	小于5%构件轻度损坏，裂缝，局部空鼓，有局部锈迹，整体稳定	5%～20%构件轻度损坏，或小于10%构件中度损坏、裂缝、剥落，钢筋轻微锈蚀，不影响整体稳定	20%以上构件轻度损坏，或10%～20%的构件中度损坏、裂缝、剥落，钢筋普遍锈蚀，影响整体稳定	20%以上构件中度损坏或严重损坏、裂缝、剥落，钢筋严重锈蚀缩径，严重影响整体稳定
钢结构	各部件及焊缝完好，栓接节点无松动，涂层完好，整体稳定	各部件及焊缝完好，栓接节点无松动，小于5%涂层面积失效，整体稳定	次要部件局部变形或焊缝裂纹，小于10%栓接节点松动，5%～10%涂层面积失效，不影响整体稳定	个别主要构件扭曲、损坏裂纹、开焊，5%～10%栓接节点松动，10%～30%涂层面积失效，钢材锈蚀明显，影响整体稳定	20%以上主要构件严重扭曲、开焊，栓接节点松动，30%以上涂层面积失效，钢材严重锈蚀，严重影响整体稳定
钢筋混凝土桩	完好，无损坏，无裂缝，无锈迹，整体稳定	小于5%构件轻度损坏，裂缝，无明显锈迹，整体稳定	5%～10%构件轻度损坏，或小于5%构件中度损坏、裂缝、局部有锈迹，无严重损坏，不影响整体稳定	10%以上的构件轻度损坏，或5%～10%构件中度损坏、裂缝、局部露筋、锈蚀，或个别严重损坏，影响整体稳定	10%以上构件中度损坏，或小于5%构件严重损坏、裂缝，钢筋严重锈蚀缩径，严重影响整体稳定
钢管桩	完好，涂层无损坏，电化学防护正常有效，整体稳定	小于20%涂层面积失效，电化学防护基本正常有效，预留锈蚀厚度减小不超过设计的30%，整体稳定	小于20%涂层面积失效，电化学防护基本正常有效，预留锈蚀厚度减小超过设计的30%，不影响整体稳定	20%～50%涂层面积失效，电化学防护不正常，有明显锈坑，预留锈蚀厚度减小超过设计的90%，影响整体稳定	50%以上涂层面积失效，电化学防护无效，有严重锈坑、孔洞，10%以上钢材截面削弱，严重影响整体稳定
栈桥	交接平顺，无差异沉降，整体稳定	交接欠平顺，有轻度差异沉降，整体稳定	有差异沉降，局部有轻微塌陷，不影响整体稳定	有明显差异沉降、局部塌陷，影响整体稳定	差异沉降过大，塌陷范围较大，严重影响整体稳定

连岛路与进岛（海）路在役状态分级见表 5-8。

表 5-8 连岛路与进岛（海）路在役状态分级

部位	在役状态				
	一级	二级	三级	四级	五级
道路	面层完好，无坑洼	面层基本完好，局部有轻微坑洼和裂缝，不影响正常使用	面层局部损坏，局部有明显坑洼和裂缝，影响正常使用	面层中度损坏，局部有较大坑洼和裂缝，局部路基有损坏，严重影响使用	面层损坏严重，有大的坑洼和裂缝，局部路基损坏严重，车辆无法通行，停止使用
护坡结构	按表 5-8 相应要求执行				
护底结构					

表 5-9 滩海人工岛构筑物在役状态分级

状态分级	评定标准	管理措施
一级	① 重要部位完好； ② 次要部位个别轻度损坏； ③ 构筑物基本无沉降、位移或变形； ④ 承载力不低于设计值	正常使用，常态监测
二级	① 重要部位有个别轻度损坏； ② 次要部位有少量中度损坏； ③ 构筑物无明显沉降、位移或变形； ④ 承载力不低于设计值	局部维护，正常使用，常态监测
三级	① 重要部位有少量中度损坏，发展缓慢； ② 次要部位有大量中度损坏或少量严重损坏，不利于重要构件的安全或正常使用； ③ 构筑物有沉降、位移或变形，不影响整体稳定； ④ 承载力不低于设计值	维修维护，维持使用，适度增加监测频次
四级	① 重要部位有大量中度损坏或劣化，发展缓慢； ② 次要部位有大量严重损坏或劣化，不利于重要构件的安全或正常使用； ③ 构筑物沉降、位移或变形较大，影响整体稳定； ④ 承载力低于设计值，但大于标准值	专项治理前限制使用或减载使用，加密监测

续表

状态分级	评定标准	管理措施
五级	① 重要部位有大量严重损坏或劣化，发展迅速； ② 次要部位有大量严重损坏或劣化，失去应有功能； ③ 结构沉降、位移或变形严重，整体不稳定； ④ 承载力低于标准值	停止使用

注：（1）完好——未出现损坏或劣化。

（2）损坏——表面的可见破损。对混凝土结构，包括棱角破损、裂缝、表面剥落、脱空层裂、露筋等；对钢结构，包括杆件断裂、局部变形、焊缝开裂、连接件损坏等；对砌筑结构，包括砌体裂缝、松动、断裂或崩塌等；对各类面层，包括裂缝、表面剥落、坑槽或坑洼等。

（3）劣化——结构材料性能退化，主要为混凝土强度和耐久性能等。

（4）"个别""少量""大量"按下列百分比界定：

当出现损坏或劣化的数量按构筑物数量比例统计时，"个别"为小于构筑物总数的 10%，"少量"为构筑物总数的 10%～20%，"大量"为构筑物总数的 20% 以上；

出现损坏或劣化的数量按所占所在面积或所在构筑物长度比例统计时，"个别"为小于所在面积或构筑物长度的 10%，"少量"为所在面积或构筑物长度的 10%～20%，"大量"为所在面积或构筑物长度的 20% 以上。

（5）"轻度""中度""严重"按如下规定界定：

对桩、梁、板等构筑物裂缝，"轻度"为一般裂缝，裂缝宽度小于 0.3 mm；"中度"为顺筋裂缝，裂缝宽度 0.3～1.0 mm，无构筑物裂缝；"严重"为胀裂性顺筋裂缝或网状裂缝，裂缝宽度大于 1.0 mm，或有贯穿性裂缝；

对混凝土表面破损，"轻度"为破损深度较小或深度不超过钢筋保护层厚度；"中度"为破损深度较大或超过钢筋保护层厚度或局部外层钢筋暴露；"严重"为破损深度或面积较大或钢筋暴露；

对砌体，"轻度"为砌体微细裂缝或松动；"中度"为砌体明显裂缝或松动；"严重"为有局部断裂或崩塌；

对混凝土面层和铺砌面层，"轻度"为有一般裂缝式表面缺陷；"中度"为有浅坑槽或板块断裂；"严重"为有普遍坑洼或严重破损。

（6）第四级和第五级出现其中一种定为该级。

（7）重要部位、次要部位的评定根据人工岛具体情况判断。

三、管理实例

1. 南堡 1-3 人工岛运行管理

南堡油田位于河北省唐山市境内的曹妃甸浅海海域，以人工岛为依托实施海油陆采，年产油气当量 200×10^4 t，是中国石油拥有人工岛构筑物数量最多、规模最大的滩海油气田。自 2007 年 10 月南堡 1-1 人工岛建成投产以来，南堡油田相继建成 NP1-2D、NP1-3D、NP4-1D 和 NP4-2D 共 5 座人工岛，位置如图 5-15 所示，其中 NP1-3D 设计水深最深、吹填高程最高、风险相对较大，于 2008 年 5 月开工建设，2009 年 5 月完工，该岛呈椭圆形布置（图 5-16），长 495m，宽 298m，总面积 13.33×10^4 m²，该岛吹填区标高 8.7m，北侧建有登陆点，利用交通船和滚装船实现人员和物资的运输。

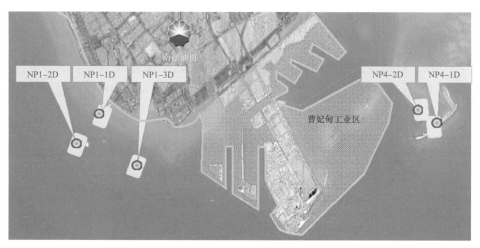

图 5-15 南堡油田人工岛位置示意图

1）人工岛海域管理

NP1-3D 周边海域管理由人工岛所在南堡作业区采油队站负责，主要以瞭望方式为主，乘船巡视方式为辅，海域瞭望每 2h 一次，乘船巡视每天上下午各一次，主要观察人工岛周边 500m 范围内是否有从事挖砂、钻探、打桩或者其他可能破坏人工岛护底或周边海床的海上作业，冬季注意海冰的发展及其对围埝的影响，按时填

图 5-16 冀东油田 NP1-3D

报日常巡视记录，如发现异常情况应及时查明原因并制止或通知南堡作业区有关部门协调解决。

2）人工岛岛体监测

为了保障人工岛的安全运行，2010 年首先在 NP1-3D 东侧和南侧围堤上安装了人工

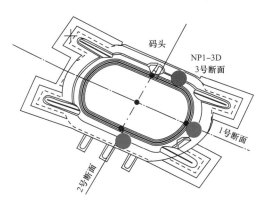

图 5-17 NP1-3D 监测断面布置

岛变形监测自动化系统，主要监测围堤沉降、深层水平位移、孔隙水压力和地下水位等内容，监测仪表设备见表 5-10。2013 年进一步对岛体监测断面进行补充，在北侧围堤新建一套变形监测系统，NP1-3D 变形监测断面如图 5-17 所示。虽然专业化监测系统建成了，但由于运行过程中缺乏专业的数据分析和安全维护，岛体自动化监测系统没有充分发挥起效能。直到 2016 年，NP1-3D 围堤监测工

作正式启动，每月开展巡查监测工作。2017 年，在登陆点上建立了沉降、位移人工测量监测点以及倾斜度自控监测系统，对登陆点的沉降、位移和倾斜状态进行监测，监测仪表设备见表 5-11，登陆点监测断面如图 5-18 所示。截至 2016 年底围堤监测显示：人工岛护坡结构沉降、水平位移趋于稳定，防浪墙沉降趋于稳定，NP1-3D 结构安全运行处于可控状态。

表 5-10　NP1-3D 监测内容及仪器设备

序号	检测内容	仪器名称	规格型号
1	围埝整体沉降	静力水准	SYJ 型
2	围埝内部水平位移	固定测斜仪	GN-1B 型
3	围埝地基孔隙水压力	孔隙水压力计	VWP 型
4	围埝地下水位	孔隙水压力计	VWP 型
5	数据采集系统	分布式自动测量单元	MCU-32 型
6	通信系统	GPRS+ 网络	

表 5-11　NP1-3D 登陆点监测内容及仪器设备

序号	监测内容	测点数量	监测仪器	二次仪表
1	登陆点沉降	22	水准标志点	DL-502 电子水准仪
2	登陆点水平位移	9	GPR1 圆棱镜	DTM532 全站仪
3	登陆点倾斜	3	葛南 ELT-15 倾斜仪和 GDA1902 智能采集模块	无

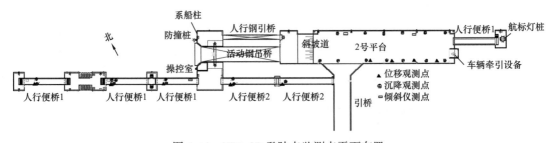

图 5-18　NP1-3D 登陆点监测点平面布置

从图 5-19 和图 5-20 可以看出，NP1-3D 南侧护坡较东侧和西侧沉降大，年沉降量为 2.6 mm，东侧和西侧护坡年沉降量为 0.1～0.5 mm。护坡向岛心内存在轻微偏移，护坡年水平位移量为 -5.6～-2.5 mm。根据滩海人工岛构筑物在役状态分级，人工岛的在役状态为二级（较好），管理措施为局部维护，正常使用，常态监测。

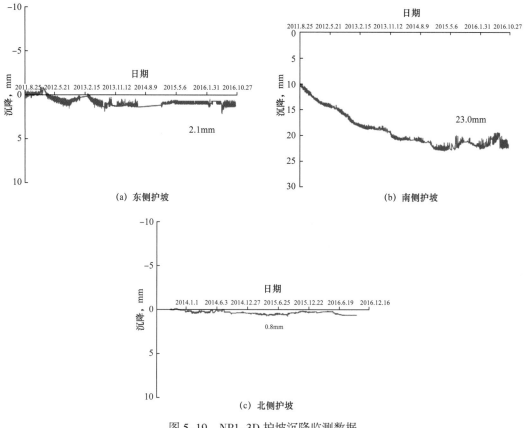

图 5-19　NP1-3D 护坡沉降监测数据

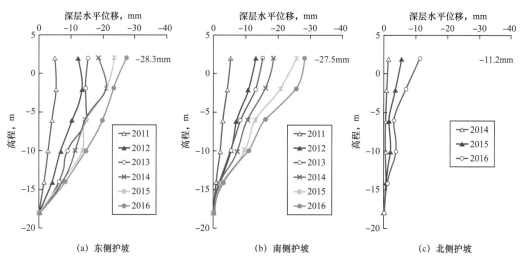

图 5-20　NP1-3D 深层水平位移监测数据

3）人工岛周边海床检测

南堡油田人工岛所处海域属粉砂质海岸，浅滩、深槽、沙脊交错分布，海域地形条件复杂，粉砂质海床易于冲刷，因此，南堡作业区每年利用多波束检测设备自主对 NP1-3D

周边 500m 范围内的水深进行检测，每 5 年委托具有检测资质的单位应用多波束和三维声呐检测仪对周边水深和海床地形地貌进行检测，掌握潮流对岛体周边海床的冲刷情况。通过 2013—2016 年的检测，发现 NP1-3D 北和南侧附近海底受海流冲刷的作用形成冲刷地貌，水深较深，岛体西侧海床由于人工岛对海流的阻挡作用呈现淤积状态，水深较浅，较

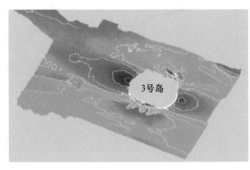

图 5-21　NP1-3D 水深地形图

东侧海床高约 1m。虽然岛体周边海床存在冲刷和淤积现象，但是每年的水深检测数据变化不大，地形地貌也无明显变化，所以，NP1-3D 周边海床整体平稳。

从图 5-21 中可以看出，NP1-3D 岛体周围水域水深变化较为复杂，在岛体的西侧水深较浅，在 2.0 m 左右变化；岛体南部水域水深较深，在 5.0 m 左右；北部水深在 4.0~5.0 m 变化；东侧水深相对较浅，在 3.0 m 左右变化。

2. 埕海 1-1 人工岛运行管理

埕海 1-1 人工岛位于大港油田羊二庄油田东南的海图水深 0.5m 线附近滩海区，于 2006 年 9 月完工，岛体有效使用面积为 140m×140m，结构形式如图 5-22 所示，埕海 1-1 人工岛的成功建设实现了中国石油自营区第一个海上油田的高效开发。人工岛围埝结构采用抛石斜坡堤结构和"钢箱筒型基础+空心方块"结构。人工岛内第一层回填砂，第二层回填土。埕海 1-1 人工岛可满足 80 口井的钻井、修井、采油、注水、集输等功能，满足船舶的停靠、补给、应急、逃生、救生等要求。

图 5-22　埕海 1-1 人工岛平面示意图

1）人工岛管理

埕海油田人工岛由滩海开发公司进行日常管理，滩海开发公司埕海一区是埕海 1-1 人工岛的属地管理部门，海域的使用和协调由土地海域科负责，日常生产由生产科负责协调，人工岛结构由项目管理部门负责监测、维修。监测通过委托专业单位和定期自主监测进行，在日常使用及监测过程中发现人工岛结构存在安全风险时，如人工岛岛体出现不均匀沉降，护坡出现塌陷，部分结构出现损坏等，由项目管理部门负责具体维修。

2）人工岛岛体监测

为了保障人工岛的安全运行，在埕海 1-1 人工岛挡浪墙、围埝护坡等位置设置固定监测点，采用普通标石埋石，使用标石困难地方采用钢钉代替。在埕海 1-1 人工岛及埕海 2-2 人工岛四周每隔 50m 设置一个变形观测点，对埋设的变形观测点进行统一编号，监测位置如图 5-23 所示。依据中国石油相关标准，定期监测岛体沉降及位移等内容。

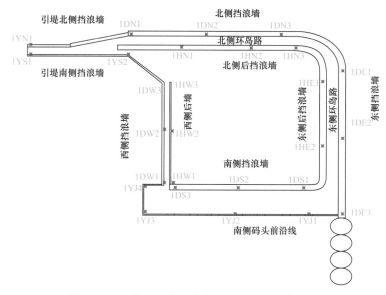

图 5-23　埕海 1-1 人工岛变形观测点平面布置图

通过委托专业单位及自主监测表明，人工岛护坡结构沉降、水平位移趋于稳定，防浪墙沉降趋于稳定，埕海 1-1 人工岛结构安全运行处于可控状态。根据滩海人工岛构筑物在役状态分级，人工岛的在役状态为二级（较好），管理措施为局部维护，正常使用，常态监测。

中国石油在人工岛常规管理和巡检监测的基础上引入了分级管理方法，经应用实践证明，该方法便于人工岛的科学运行管理，可实现滩海构筑物在役状态、风险等级的量化评价，使巡查和监测数据得到充分有效的利用，维护管理措施更具针对性。中国石油将人工岛构筑物常规管理、巡检监测、分级管理方法相互结合，有效保障了人工岛结构的安全稳定。

第三节　人工岛维护管理

滩海人工岛在运行过程中受海洋环境和人为作业的双重影响；同时，由于地质条件和自身结构特点，主要存在护坡冲刷、局部沉降、构件腐蚀等风险，因此，在人工岛日常巡检和监测的基础上，应加强人工岛的维护管理。人工岛的维护维修应按照人工岛构筑物在役状态分级情况采取相应的治理措施。为使人工岛运行始终处于较好的状态，人工岛管理使用单位应列支专项成本对人工岛的路面、钢围栏、钢筋砼等上部易发生劣化、锈蚀的结构进行日常维护，以防造成严重的结构损坏而进行大规模的维护或更换，对于巡检和监测过程中发现的影响人工岛结构安全或结构在役状态处于三级及三级以下时，应及时组织维修。

对于人工岛的重要结构损坏还应结合计算和试验成果制订维护维修方案，中国石油在人工岛护坡稳定性研究和维护治理方面开展了一系列的科研攻关，根据研究成果对海南8人工岛护坡和埕海1-1人工岛护底及进海路护坡进行了综合治理，取得了很好的效果。南堡油田对人工岛沉降导致的工艺管线倾斜进行了治理，随着沉降的收敛，管线倾斜现象已得到有效控制。当前，人工岛登陆点承台、引桥和进海路路面混凝土劣化、裂纹、露筋腐蚀等问题较为突出，成为今后维护治理和防护研究的重点。下面列举几项人工岛生产运行过程中出现的典型缺陷和相应治理措施。

【实例一】海南8人工岛护坡冲刷与治理。

辽河油田海南8人工岛于2006年建成，初期护坡采用300kg块石防护，连续运行两年半后，岛体周围出现明显冲刷，造成护坡局部塌陷，部分护坡块石松动或被海水携走，

特别是人工岛西南角和西北角护坡底部块石脱落较为严重，严重影响岛体安全。经研究分析，导致该缺陷出现的原因是由于原海南8人工岛设计断面中300 kg浆砌块石护面不能够满足波浪作用下的稳定性，2010年隐患整改后的海南8人工岛设计断面中采用了2 t扭王字块体，治理效果较好，满足了波浪或海冰作用下的稳定性要求，如图5-24所示。

图5-24　辽河油田海南8人工岛护坡冲刷治理

【实例二】埕海1-1人工岛护底及进海路护坡维护治理。

大港油田埕海1-1人工岛于2005年建成，运行几年来受海冰、海浪等自然因素冲刷侵蚀影响，人工岛东侧、北侧及东北角区域护底和进海路护坡块石沉降缺失严重，治理前情况如图5-25（a）所示，2012年采用抛石结构对人工岛护底和进海路护坡进行了维护。

埕海 1-1 人工岛进海路部分：采用抛石结构毛石护坡进行维护，在进海路 3.8km 至埕海 1-1 人工岛（长 1.6km）段抛填 100～300kg 块石。抛石顶面距路面 0.8m，抛石按 1∶2 自然放坡至海底。

埕海 1-1 人工岛部分：人工岛北侧、东北侧及东侧毛石护底采用 150～200kg 毛石直接补填于原毛石护底顶部，抛填厚度 1m，抛填宽度 15m。埕海 1-1 人工岛进海路和人工岛维护工程设计断面如图 5-25（b）所示；采取该方案治理后，进海路和人工岛得到了防护，如图 5-25（c）所示。

(a) 2012 年治理前情况

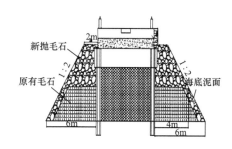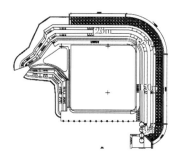

(b) 维护工程设计图

(c) 进海路护坡及人工岛护底治理后

图 5-25　大港油田埕海 1-1 人工岛维护治理情况

但人工岛东侧和北侧长期受波浪冲刷，护坡结构中的垫层块石在波浪力的作用下产生破碎和侵蚀，导致护面扭王字块下部块石因波浪冲刷而掏空。2016 年，采用充填混凝土膜袋的方法，对扭王字块底部进行保护。通过人工的方式将特制膜袋填充到扭王字块与围埝垫层块石之间的缝隙中，然后利用混凝土罐车沿着内外挡浪墙间的环形通道将 C30F250 商品混凝土泵送至膜袋中，最后将膜袋口封死。这种实施方法简单可行，投资较低。

【实例三】NP1-2D 吹填区井口管线倾斜治理。

冀东油田 NP1-2D 于 2008 年建成，岛体建成初期吹填区沉降较大，运行一年后，井口管线受吹填区沉降影响普遍存在向下倾斜现象。2010 年，对井口管线进行切割，释放管线应力并加装管道支撑后恢复管线流程。图 5-26 为 NP1-2D 井口管线治理前和治理后的情况，随着吹填区沉降的收敛，治理后没有再出现倾斜现象。

(a) 2010年治理前　　　　　(b) 治理后情况

图 5-26　冀东油田 NP1-2D 井口流程倾斜治理情况

【实例四】埕海 1-1 人工岛进海路路面坑洞修复治理。

由于车辆过载、风浪侵蚀等原因，埕海 1-1 人工岛进海路部分路面每年均有出现麻面和坑洞破损现象。针对路面坑洞情况，采用扩边深切 + 整体浇筑的方法进行修复治理。具体实施方案为依照路面每个坑洞的原貌，在其边缘划定出矩形区域（图 5-27），该区域略大于原坑洞面积，后进行边线切割开挖作业（开挖深度为 40cm，以见到路面下毛石为止），素混凝土灌缝兼做垫层，整体钢筋混凝土浇筑，其上部盖钢板进行养护，确保正常交通。

图 5-27　大港油田埕海 1-1 人工岛路面修护

第四节 人工岛应急管理

自然环境作为人为不可控因素是影响人工岛安全运行的关键环节。滩海人工岛地处开敞海域,如遇恶劣天气造成岛体溃堤、坍塌等紧急情况,极易引起岛上设备设施油气泄漏,造成周边海域污染,甚至发生火灾、爆炸等事故,恶劣天气情况下对岛上人员的施救困难,极易造成群死群伤事故,因此,日常管理中应关注气象和潮汐情况,尤其是风暴潮、海浪、海啸和海冰等灾害警报,并应根据警报级别,针对人工岛结构安全建立自然灾害应急响应预案,指导应急情况下处置程序,以提高滩海油气田海洋灾害的应对能力,保障岛上人员及设施安全。

依据国家海洋局于 2012 年发布的《风暴潮、海浪、海啸和海冰灾害应急预案》,根据自然灾害严重程度,将应急响应分为 4 个级别,详见表 5-13,启动相应级别的人工岛运行管理应急处置程序。

表 5-12 风暴潮、海浪、海啸和海冰等自然灾害应急响应标准

类型	响应级别	灾害描述	预警信号
风暴潮	Ⅳ级	受热带气旋(包括风暴潮、强热带风暴、热带风暴、热带低压,下同)或受温带天气系统影响,沿岸受影响区域内预报有出现低于当地警戒潮位 30cm 的高潮位	蓝色
	Ⅲ级	受热带气旋影响,或受温带天气系统影响,受影响区域内预报有出现达到或超过当地警戒潮位 30cm 以内的高潮位	黄色
	Ⅱ级	受热带气旋影响,或受温带天气系统影响,受影响区域内预报有出现达到或超过当地警戒潮位 30cm 以上 80cm 以下的高潮位	橙色
	Ⅰ级	受热带气旋影响,或受温带天气系统影响,受影响区域内预报有出现达到或超过当地警戒潮位 80cm 以上的高潮位	红色
海浪	Ⅳ级	受热带气旋或温带天气系统影响,预计未来近海受影响海域出现 2.5~3.5m(不含)有效波高	蓝色
	Ⅲ级	受热带气旋或温带天气系统影响,预计未来近海受影响海域出现 3.5~4.5m(不含)有效波高,或者其他受影响海域将出现 6.0~9.0m(不含)有效波高	黄色
	Ⅱ级	受热带气旋或温带天气系统影响,预计未来近海受影响海域出现 4.5~6.0m(不含)有效波高,或者其他受影响海域将出现 9.0~14.0m(不含)有效波高	橙色
	Ⅰ级	受热带气旋或温带天气系统影响,预计未来近海受影响海域出现达到或超过 6.0m 有效波高,或者其他受影响海域将出现达到或超过 14.0m 有效波高	红色

类型	响应级别	灾害描述	预警信号
海啸	IV级	受海啸影响，预计沿岸验潮站出现 50cm（正常潮位以上，下同）至 100cm（不含）海啸波高	蓝色
	III级	受海啸影响，预计沿岸验潮站出现 100～150cm（不含）海啸波高	黄色
	II级	受海啸影响，预计沿岸验潮站出现 150～200cm（不含）海啸波高	橙色
	I级	受海啸影响，预计沿岸验潮站出现 200cm 以上海啸波高	红色
海冰	IV级	达到以下情况之一，且浮冰范围内冰量 7 成以上，预计海冰继续增长时： 辽东湾浮冰外缘线达到 60n mile； 黄海北部浮冰外缘线达到 25n mile； 渤海湾浮冰外缘线达到 25n mile； 莱州湾浮冰外缘线达到 25n mile	蓝色
	III级	达到以下情况之一，且浮冰范围内冰量 7 成以上，预计海冰继续增长时： 辽东湾浮冰外缘线达到 75n mile； 黄海北部浮冰外缘线达到 35n mile； 渤海湾浮冰外缘线达到 35n mile； 莱州湾浮冰外缘线达到 35n mile	黄色
	II级	达到以下情况之一，且浮冰范围内冰量 7 成以上，预计海冰继续增长时： 辽东湾浮冰外缘线达到 90n mile； 黄海北部浮冰外缘线达到 40n mile； 渤海湾浮冰外缘线达到 40n mile； 莱州湾浮冰外缘线达到 40n mile	橙色
	I级	达到以下情况之一，且浮冰范围内冰量 7 成以上，预计海冰继续增长时： 辽东湾浮冰外缘线达到 105n mile； 黄海北部浮冰外缘线达到 45n mile； 渤海湾浮冰外缘线达到 45n mile； 莱州湾浮冰外缘线达到 45n mile	红色

IV级响应处置措施：

（1）在岛人员和应急管理部门人员应保持 24h 通信畅通，密切关注天气变化和动态；

（2）在岛人员应加密对人工岛、进海路和连岛路围埝、登陆点及引桥钢管桩和临岸设施巡查；

（3）警报解除后，在岛人员应将风暴潮前后围埝、钢管桩和临岸设施情况进行分析对比，将人工岛结构情况报告上级应急管理部门。

III级响应处置措施：

（1）应急管理部门组织在岛人员召开视频会议，安排部署应对措施及注意事项；

（2）在岛人员 24h 值班巡查人工岛、进海路和连岛路围埝、登陆点及引桥钢管桩和临岸设施安全运行情况；

（3）警报解除后，应急管理部门应组织检测单位对围埝、登陆点进行沉降、位移检测，以确定人工岛围埝和登陆点的稳定性。

Ⅱ级响应处置措施：

（1）应急管理部门领导及相关人员登岛现场指挥应急救援工作；

（2）应急管理部门组织检测单位 24h 对人工岛、进海路和连岛路围埝和登陆点进行沉降、位移检测；

（3）与海上应急救援响应中心形成联动机制，当人工岛围埝出现事故隐情时，立即采取措施对人工岛围埝进行加固处理；

（4）警报解除后，组织检测单位对人工岛及登陆点附近滩地、人工岛护底、登陆点钢管桩进行检测，对人工岛进行安全风险评估。

Ⅰ级响应处置措施：

（1）向油田公司领导报告，启动更高级别应急响应程序或请求外部支援；

（2）一旦发生溃堤事故，应立即组织关井，停运岛上生产设备，组织人员撤离人工岛；

（3）警报解除后，在检测单位安全风险评估的基础上继续使用或组织设计、施工等单位进行维护治理。

人工岛构筑物是滩海油气田钻井、采油、修井、油气处理、海上运输等作业活动和工作人员的生产办公场所，是滩海油气田重要的结构形式之一，其稳定性直接关系岛上建筑物、设备设施和人员的安全。在油气生产过程中，对人工岛构筑物的运行管理与维护工作至关重要。

第六章
滩海油田人工岛工程安全监测技术

滩海油田人工岛所处海域工程地质和自然环境一般较为复杂，加上人们认识上的局限性，还不可能在设计中预见所有的工程安全问题。因此，加强滩海油田人工岛工程安全监测，及时发现工程隐患，采取相应对策，保证工程安全显得尤为重要。

软土地基，尤其是淤泥质土层，强度低。当围埝施工和吹填陆域时，施工加载速率过快或处置不当，可能造成地基破坏或失稳事故发生。施工期安全监测主要目的如下：

（1）通过围埝变形观测，动态掌握围埝堤地基土的强度、沉降、位移、孔隙水压力等情况，以动态指导和控制施工，防止堤基或堤身发生滑动或产生过大位移变形，确保施工安全和满足使用要求；

（2）通过对吹填区沉降观测，掌握吹填区地基在施工各阶段的沉降情况，为准确确定施工期吹填沉降量提供资料；

（3）通过堤外滩地水深测量，动态掌握堤外一定范围内的滩地在施工过程中的冲淤变化情况，以便及时采取措施，保障工程安全。

在人工岛建设过程中，围埝结构变形和沉降速率均较大，施工期监测主要是控制加载速率，保障施工安全。人工岛建成后，人工岛基础经过施工期的预压，吹填区一般还要进行地基处理，围埝和吹填区水平位移和沉降变化速率明显减小，施工期监测方法与控制措施已显然不适应人工岛安全运行和管理维护的要求，需要根据工程的实际情况建立适宜的预警指标，发挥运行期安全监测作用。

人工岛运行期监测的主要目的是判别围埝结构和主要结构物稳定性，依据监测数据确定人工岛构筑物的在役状态分级，并采取相应的人工岛分级管理措施，保障人工岛安全运行。

滩海人工岛安全监测对象主要包括围埝、回填区、登陆点和防浪墙等构筑物。

监测的项目通常包含地基垂直沉降和水平位移、孔隙水压力、地基土压力、水位、波浪、潮流及水域冲淤等。监测项目的设立主要根据工程等级、地形、地质条件和地理环境等因素决定。

监测方法有人工巡视检查和仪器监测两种，实践证明，这两种方法应相互结合，互为补充。巡视检查是监视工程安全运行的一种重要的方法和手段，工程实践表明，很多工程失事前的异常征兆出现，多是巡视检查人员，尤其是专业工程技术人员在巡视检查工作中首先发现。因此，为了及时发现滩海人工岛外露的一些异常现象，并从中联系分析，判断建筑物内部可能发生的问题，从而进一步采取适宜的观察、观测和维护修理措施，以消除工程缺陷或改善工程外观，保证工程的安全性和完整性，应对所有的人工岛围埝、靠泊体、防浪墙等重要设施进行巡视检查。

巡视检查的内容、次数、时间和顺序等，应根据人工岛的具体情况和特点，由专人负责进行全面安排。原则上施工期日常巡视检查每天应不少于 1 次，运行期每年应不少于 2 次，出现风暴潮、海冰等可能对人工岛安全有重大影响的事件时，应增加日常巡视检查次数。当人工岛工程遇到严重影响工程安全的情况、出现异常迹象时，应进行特别巡视检查，组织专人对可能出现险情的部位进行连续监视。

巡视时，应做好记录，必要时应就地绘制草图或进行摄像，并加以直观描述，形成巡查记录表，还应将本次巡视检查结果与以往巡视检查结果进行比较分析，如有问题或异常现象，应立即进行复查，以确保记录的准确性。

对于在巡视检查过程中发现的重要问题，应及时上报，并要抓紧分析研究，进行处理。对需要进一步了解其发展情况的问题，应继续巡视检查或进行监测。

各种巡视检查的记录、影像资料和报告等均应整理归档。

第一节　水平位移监测

水平位移监测包括结构体水平位移监测和人工岛围埝地基土深层水平位移监测。

人工岛水平位移指的是人工岛围埝地基土深层水平位移。当水平位移过大时，围埝会产生塌滑，靠泊体等重要设施会开裂，进而影响设施正常使用，危及整个人工岛的安全。

水平位移监测主要是测定围埝和靠泊体等重要设施的地基受不对称外力作用地基向人工岛外侧方向发生的位移，监测点一般布置在设计高水位以上的最外侧棱体或围埝处。在靠泊体等重要设施也可能发生较大位移的部位设置水平位移监测点，监测人工岛施工期和运行期构筑物或地基的水平位移情况，结合沉降监测和其他监测资料进行综合分析，判断人工岛围埝和靠泊体等重要设施的稳定性，作为施工控制和工程安全运行的依据。

水平位移监测断面需结合场地分布和地基地质情况进行，人工岛围埝水平位移监测断面一般不少于 4 个，覆盖 4 个方向。围埝水平监测点的埋设需要先于围埝施工进行，测斜管的底部设置在岩石层或理论水平位移为 0 的位置，并在围埝施工一周前取得原始测量数据；靠泊体等重要设施水平位移监测点在构筑物施工过程中同步埋设，埋设后测定初始值。

根据相关标准，施工期水平位移观测频次宜为每天 1 次；回填结束后第 1 年，宜每月观测 1 次；回填结束 1 年后，可半年观测 1 次；出现异常情况时，应加密观测。位移观测的次数与沉降观测次数相同。

人工岛围埝地基水平位移监测应根据设计要求确定预警值，当日水平位移值（累计水平位移值）接近或大于预警值时，现场加密观测，并立即报告业主。

一、结构体水平位移监测

滩海油田人工岛靠泊体等结构体的水平位移无法设置一条基准线，一般单独设置水平位移监测点，监测点按照结构体分区域布设。

结构体水平位移监测点的布设结合结构体的施工进行，一般采用有强制对中标盘的混凝土标墩，通过专用连接螺栓与仪器或棱镜基座相连接。

滩海油田人工岛工程中结构体水平位移监测通常采用多站边角交会测量方法，适用的仪器为同时具有测角和测距功能的全站仪。

边角交会测量方法是通过两个或两个以上的工作基点架设仪器，观测点间夹角和边长来确定监测点的坐标。边角交会测量的作业要求根据观测技术设定的规定执行，当监测点较多时，可利用平差程序进行平差计算。

使用大地测量方法对监测点进行水平位移监测，监测结果都是每一个监测点在监测时的实时坐标（一般是大地坐标）。要计算位移变化，一般需在监测工作开始前测定初始值，并根据工程习惯对位移的正负向做规定。

每次监测时根据监测计算结果与初始值和前一次监测值进行比较求得累计位移变化量和期内位移变化量。

累计位移变化量：

$$\left.\begin{array}{l}\Delta_x = x_{本次} - x_{上次}\\\Delta_y = y_{本次} - y_{上次}\end{array}\right\}\qquad(6\text{-}1)$$

期内位移变化量：

$$\left.\begin{array}{l}\Delta'_x = x_{本次} - x_{初始}\\\Delta'_y = y_{本次} - y_{上次}\end{array}\right\}\qquad(6\text{-}2)$$

计算所得最终结果应输入计算机数据库，用图表进行数据管理。根据各个测点不同时段累计位移变化量可做出各监测点的位移变化过程线图，一般时间为横坐标，位移量为纵坐标。利用位移过程线可以清晰了解每一个监测点位移变化过程和特点。

测量前先对仪器进行校正，保证仪器的准确度。根据已知点坐标计算出测站点坐标，并输入仪器。按照全站仪坐标量测的操作程序进行测点坐标量测，测量结束后及时对资料进行整理分析，计算出不同测点的水平位移量。

二、围埝地基土体深层水平位移监测

滩海油田人工岛工程地基土体深层水平位移监测一般采用测斜仪进行，测斜仪所反映的是土体或结构物某一部位的倾斜度。测斜仪的工作原理是测量测斜管轴线与铅垂线之间的夹角变化量，进而计算出不同深度的水平位移的大小。

深层水平位移观测的基本原理如图6-1所示。通常在土中埋设一垂直有互成90°四个导向槽的测斜管，分成多节，彼此用接头连接，使整个管道能随地基变形。当测斜管受力发生变形时，逐段（通常50cm一个测点）量测变形后测斜管的轴线与铅垂线的夹角 α_i，夹角的变化在管子两端产生了相应的位移差 δ_i：

$$\delta_i = L_i \sin \alpha_i \tag{6-3}$$

式中　L_i——第 i 节管子长度，常取50cm。

整根管子两端的土体水平位移差 Δ_n 可表示为：

$$\Delta_n = \sum L_i \sin \alpha_i \tag{6-4}$$

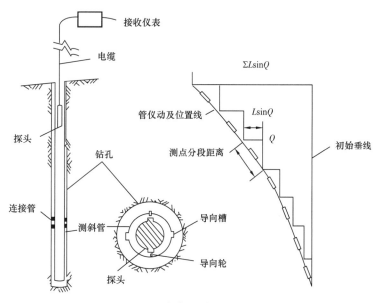

图6-1　测斜仪工作原理示意图

当测斜管的埋置足够深时，管底可认为不动，没有水平位移值，Δ_n 即为管顶的水平位移值。把测量结果整理成水平位移变化曲线，反映各土层的水平位移情况。

1. 监测设备

测斜装置主要由量测系统、管座、测斜管及连接管、保护盖等构成。

（1）量测系统。

量测系统指通常所说的测斜仪。它由测斜仪测头、传输信号电缆、接收仪表构成。测斜仪测头的传感器形式有伺服加速度计式、电阻应变片式、电位器式、钢弦式等诸多种形式。现多采用的伺服加速度计式测斜仪，它精度高，长期稳定性好，但价格较高。电阻应变片式，精度满足实用要求，长期稳定性仅为 2 年左右，但价格相对便宜，仅是前者的1/4 左右。选型时可根据实际情况选定。图 6-2 为常用测斜仪的构造图。

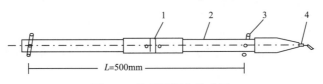

$L=500mm$

图 6-2　常用测斜仪构造图

1— 敏感部件；2— 壳体；3— 导向轮；4— 引出电缆；L— 标距

（2）管座。

管座是一与测斜管外径匹配，防止泥砂从管底端进入管内，以及在后埋设测斜管时系保护绳索的一个安全护盖，通常由金属材料制成，并作防锈处理。

（3）测斜管。

测斜管采用聚氯乙烯、聚乙烯、ABS 塑料、铝合金等材料制成，管内有互成 90° 的 4 个导向槽。

测斜管的尺寸：国产的塑料测斜管内径多为 58mm，外径为 70mm，长度分别为 2m，3m 和 4m 一节三种；铝管内径为 53mm，外径为 58mm，长度分为 2m 和 4m 一节两种。

（4）连接管。

塑料连接管多采用聚氯乙烯塑料管制成。连接管的尺寸为内径 70mm，外径为 82mm，长度分 300mm 和 400mm 两种。在管壁的两端均布对称间隔为 90°，铣制有滑动槽 4 条，或仅一端铣制滑动槽 4 条。前者适应土体变形较大的情况，后者适宜土体变形较小的情况。

（5）管盖。

管盖用于保护测斜管管口以及防止杂物从管口掉入，影响正常观测工作。其外形尺寸同管座，侧向不需设固定螺孔，但管顶应设计一吊环，用以提取管盖。

2. 测斜管安装埋设

滩海油田人工岛工程水平位移测量可采用活动式测斜仪和固定式测斜仪两种。活动式测斜仪需要预先埋设一个测量通道，可进行多点连续性测量，测头坏了可提出测孔修理和重新率定，应用十分广泛；固定式测斜仪是将测斜仪探头固定在某一设定好的位置上，用传输信号线引出进行观测，常是采用活动式测斜仪难以做到观测的测点，且便于自动化采集数据，但仪器坏了不能取出修理，其费用较高，通常很少采用。

测斜管埋设通常采用钻孔埋设法，其要点如下：

（1）根据设计的观测孔位用测量的方法进行定位。

（2）在定位点安装钻机钻孔。钻孔直径为108mm，孔深达无水平位移处，或进入岩石层不小于1.0m，或按设计要求。成孔倾斜度偏差不允许大于1°。

（3）测斜管的接长。接长测斜管的方法分一次接成，或连接成几段，或逐节在孔口接成所需的长度。前者适用于孔深不大，接长管后柔软的情况，后者适用于埋设孔的深度较深的情况。

测斜管一节节地接长，应特别注意导向槽的对正不许偏扭，连接的方法（以连接管上下端均有滑动槽为例）是在每节测斜管上套入连接管长度的一半，对正连接管上的键接上下一节管，或用模具对正两节管的导向槽，使两节测斜管对接。从连接管上的滑动槽拧入自攻螺钉（螺钉头不允许露出内管壁），量定预留的沉降段，把下一节管固定，将连接管和上一节（新接的）测斜管一同拉移到沉降段长度的一半，再将下边测斜管和连接管都固定，将上一节（新接的）测斜管再向上拉动沉降段余留的一半，拧上各个滑槽的自攻螺钉。以此步骤连接其余各段测斜管。在管的下端口装上管座，对称在其上系上两根安全绳，检查各个管的连接方法，应无误，特别是导向槽对正。为防止泥沙从连接管段进入管内，在其外侧均包以300g的无纺土工布，外用塑料绳捆扎，无纺土工布接口处用电工胶带粘接。

用模具对正导向槽时，应调整连接管上的滑动槽与测斜管导向槽间隔成45°分布。

每节测斜管之间沉降段的长度，主要取决于土体沉降量的大小，同时，应使测斜仪的测头能够顺利通过，而不至于脱出导向槽。为此，最大允许预留的沉降段长度为100～150mm。若预留的沉降段不能满足预估的沉降量时，只能缩小每节测斜管的长度，增加连接管的数量。

（4）测斜管埋入钻孔中。将连接好的测斜管平直移向孔口，底端朝向孔口，用力拉住护绳索对准施测方向，均匀弯曲接装好的测斜管，绳索随测斜管同步放到孔底，然后将管上端用夹具夹住固定在孔心，夹具应夹牢固，不能松动，否则会改变连接管的预留沉降段和导槽的施测方向。

为了防止向钻孔内放测斜管时会使导槽偏扭，应用模具接在钻杆上，从上到下慢慢地试通至管底压稳，扶正整个管身，并防止管身因孔内有水产生上浮。向孔内放管过程中，因孔内有水产生上浮时，可向管内注入适量的清水，以平衡水头。

埋设孔较深，地面接成全管向钻孔内放有困难时，亦可分几段在地面接成，整体在孔口采用要点（3）连接管长的方法在孔口接长测斜管。

（5）采用全站仪或经纬仪校正导向槽的方向，使其对准欲测位移的方向。

（6）管壁外侧的回填。管壁外侧空隙可采用孔中取出的扰动土或干膨润土泥球回填。为了防止泥球架空，可采用轻捣密实，泥球的最大直径小于 15mm，级配适当。

（7）从测斜管内提出模具，管口以下约 1m 的范围内用混凝土墩固定，并安装有锁的保护盖。

（8）进行已埋设测量管初始状态的观测，所观测的结果视为基准值记入埋设考证记录表（表 6-1）。

表 6-1　测斜管埋设考证表（钻孔埋入式）

工程名称：

管号		孔口高程		孔底高程		孔深	
测斜仪型号		生产厂家		导槽方向			
测斜管 埋设位置	桩号			测斜管 埋设区域			
	轴距						
埋设方式				管材			
接管根数				管径		内径	
埋设日期		天气			气温		
埋设 示意图 及说明							
埋设人员				填表人（签字）			
				技术负责人（签字）			
				监理人员（签字）			

3. 监测方法

（1）熟悉测量仪表的操作说明书，切勿在不熟悉操作方法的情况下上岗工作。

（2）测试前将测头率定好，系数准确。

（3）检查测头、电缆、仪表三者的连接是否正确。

（4）每次观测时，用水准仪测出孔口高程，再从管道自下而上，用测斜仪测头每50cm为一个测点，逐次测量管轴线与铅垂线的夹角，并记录测点至管口的距离。同一方向的观测正反各测2次，每次读数准确，同一测点的误差不超过0.1mm。

（5）测量结束后立即对资料进行整理分析，计算出不同深度上土体的水平位移量。

三、资料整理

1. 边角交会法测量数据记录及资料整理

1）观测数据记录及计算

全站仪观测资料计算按照表6-2进行。

表6-2　全站仪测量记录表

工程名称：

天气情况：

观测日期：　　　　　　　　　　　　　　　　　　　　　　第　页　共　页

测站	测回	仪器高 m	棱镜高 m	竖盘位置	水平角观测		竖直角观测		距离高差观测			坐标测量		
					水平度盘读数	方向值或角值	竖直盘读数	竖直角	斜距 m	平距 m	高程 m	x m	y m	H m

观测者：　　　计算者：　　　校核者：

2）绘制相关曲线

绘制测点的水平位移时间关系曲线，如图6-3所示。

2. 深层水平位移监测数据记录及资料整理

1）水平位移观测资料计算按照观测记录表

伺服加速度式测斜仪观测记录表见表6-3，电阻应变片式测斜仪观测记录表见表6-4。

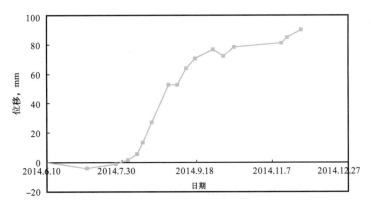

图 6-3 监测点水平位移时间关系曲线

表 6-3 伺服加速度计式测斜仪观测记录表

工程名称：　　　　　　　　　　　　　　　测斜孔编号：

孔口高程：　　m　　　　　　　　　　　　孔底高程：　　　m

埋设位置：　　　　　　　　　　　　　　　测斜仪编号 L：

仪器系数 K：　　　　　　　　　　　　　观测日期：

测点深度 m	测点高程 m	正向测值 字	反向测值 字	正反向测值和 字	正反向测值差 字	测斜管位置 mm	测斜管初始位置 mm	测斜管实际位移量 mm	备注
（1）	（2）	（3）	（4）	（5）=（3）+（4）	（6）=（3）-（4）	（7）=$\sum KL$（6）/2	（8）	（9）=（7）-（8）	（10）

观测者：　　　　　计算者：　　　　校核者：

表 6-4 电阻应变片式测斜仪观测记录表

工程名称：　　　　　　　　　　　　　　　测斜孔编号：

孔口高程：　　m　　　　　　　　　　　　孔底高程：　　　m

埋设位置：　　　　　　　　　　　　　　　测斜仪编号 L：

仪器系数 K：　　　　　　　　　　　　　观测日期：

测点深度 m	测点高程 m	正向测值 字	反向测值 字	正反向测值和 字	正反向测值差 字	测斜管位置 mm	测斜管初始位置 mm	测斜管实际位移量 mm	备注
（1）	（2）	（3）	（4）	（5）=（3）+（4）	（6）=（3）-（4）	（7）=$\sum KL$（6）/2	（8）	（9）=（7）-（8）	（10）

续表

测点深度 m	测点高程 m	正向测值 字	反向测值 字	正反向测值和 字	正反向测值差 字	测斜管位置 mm	测斜管初始位置 mm	测斜管实际位移量 mm	备注

观测者：　　　　计算者：　　　　校核者：

2）绘制相关曲线

绘制测点的高程与水平位移关系曲线，如图6-4所示。位移速率过程线和单点荷载位移时程线可根据需要进行绘制。

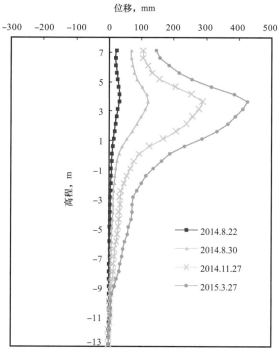

图6-4 测点高程（m）与水平位移（mm）关系曲线

水平位移监测资料应及时整理分析，结合沉降、孔隙水压力等有关资料，并与设计进行对比，分析判定人工岛围埝或靠泊体等重要设施有无塌滑、开裂或倾覆的危险。对位移速率加快、位移突变等异常现象，及时分析研究，找出原因。

第二节 沉 降 监 测

沉降监测主要是测定构筑物或地基在竖直方向上的变形，主要目的是为了了解人工岛在施工期和运行期内地基土体固结和沉降情况，结合其他有关观测资料进行综合分析，以判定其稳定性，作为施工控制和工程安全运行的依据，并为类似工程的工程设计提供资料。

滩海油田人工岛工程沉降监测包括回填区沉降监测、围埝底面沉降监测，以及靠泊体、防浪墙等重要设施的沉降监测，一般与水平位移观测、孔隙水压力变化观测等配合进行。

根据监测技术要求和场地的情况进行沉降监测网和监测点的布置设计，沉降监测的等级和精度要求需根据工程的性质、环境及沉降量的大小和速率确定，见表 6-5 至表 6-7。

表 6-5   沉降监测网的等级划分及精度要求

等级	监测点高程中误差 mm	相邻监测点高差中误差 mm	适用范围
三等	±1.0	±0.5	对沉降速率变化较敏感的人工岛
四等	±2.0	±1.0	一般人工岛

注：监测点高程中误差是指相对于邻近基准点的中误差。

表 6-6   监测网主要技术要求

等级	相邻点基准点高差中误差 mm	每站高差中误差 mm	往返较差或环形闭合差 mm	检测已测高差较差 mm
三等	±1.0	±0.3	$\pm0.6\sqrt{n}$	$\pm0.8\sqrt{n}$
四等	±2.0	±0.7	$\pm1.4\sqrt{n}$	$\pm2\sqrt{n}$

注：n 为测段的测站数。

表 6-7   监测网观测技术要求

等级	水准仪型号	水准尺类型	观测次数	视线长度，m	观测技术要求
三等	DS1	铟瓦尺	往一次	40	按 GB 50026 中二等水准观测技术要求进行
四等	DS1	铟瓦尺	往一次	60	按 GB 50026 中三等水准观测技术要求进行

沉降监测点根据其功能可分为基准点、工作基点和监测点。基准点需设置在沉降影响范围最小的区域，数量不少于 3 个，监测点需有明显的标识并采取可靠的保护措施。

施工期沉降观测频次宜为每周 1 次；回填结束后第一年，宜每月观测 1 次；回填结束 1 年后，可半年观测 1 次；出现异常情况时，应加密观测。

根据设计要求确定围埝底面沉降监测预警值，当日沉降量接近或大于预警值时，现场加密观测，并发出预警。

一、基本原理

沉降观测可通过水准测量来实现。水准测量是利用一条水平视线，并借助水准尺，测定地面两点间的高差，这样就可以由已知点的高程推算未知点的高程。水准测量原理如图 6-5 所示。

沉降观测时，基准点的高程视为已知，各监测点在不同时段高程可通过下式计算。

$$H_B = H_A + a - b \qquad (6-5)$$

式中　H_B——沉降杆高程，m；

　　　H_A——基准点高程，m；

　　　a——基准点标尺读数，m；

　　　b——沉降杆标尺读数，m。

根据每次测得的沉降杆高程与初始高程的差值，可计算出测点在不同时间的沉降量，汇总得出测点的沉降过程线。

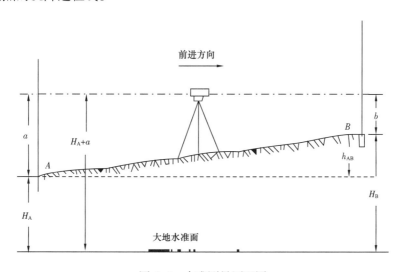

图 6-5　水准测量原理图

二、仪器安装埋设

1. 基准点

沉降基准点需埋设在人工岛施工影响范围之外的区域，埋设深度不小于1.5m，地面以上用混凝土浇筑一圆形或正方形底座加以固定，要求底座顶面平整便于观测仪器架设。

2. 工作基点

工作基点通常设置在监测区域以外，通视性较好、施工车辆不宜接触的区域。埋设时可参照基准点埋设要求进行。

3. 监测点

沉降观测部位和监测的目的不同，沉降观测点的埋设时间和方法也不尽相同。

回填区和围堰底面沉降监测点通常采用沉降板上接钢管的方式，沉降板需要在回填开始前埋设。沉降板尺寸不应小于50cm×50cm。埋设前需在设计监测点区域铺设300mm的砂垫层，整平后再设计的点位上安置沉降板，采用1.5m长的水平靠尺检查其垂直度。放好沉降板后，回填一定厚度的垫层，再套上保护管，保护管略低于沉降板测杆，上口加盖封住管口，并在其周围填筑相应的填料稳定套管。

靠泊体和防浪墙等重要设施的沉降监测点通常采用预埋L形镀锌钩头测钉的方式，测钉长150～200mm，测钉埋设与构筑物施工同步进行。沉降测钉埋设时应注意钩头部分保持垂直。

三、观测方法

观测的仪器通常有全站仪、水准仪、水准尺或塔尺等。观测方法如下：

（1）首先必须熟悉测量仪表的操作说明书，切勿在不熟悉操作方法的情况下上岗工作。

（2）打开三脚架并使其高度适中，目估使架头大致水平，然后将三脚架尖踩入土中，将水准仪用中心螺旋固定于三脚架头上。

（3）粗略整平后，瞄准水准尺进行对光以消除视差。

（4）用水准管进行精确整平后，进行读数并记录。

（5）同一站全部测点读数完毕后，进行下一站点测量，重复（2）～（4）步骤。

（6）测量结束后立即对资料进行内业计算，计算各监测点的沉降量。

四、资料整理

（1）沉降测量的记录和计算按照表6-8和表6-9进行。

表 6-8　沉降观测记录表

工程名称：　　　　　　　　　　　　　　　　水准仪编号：

观测尺编号：　　　　　　　　　　　　　　　观测日期：

测站	点号	后视读数 m	前视读数 m	高差，m				高程 m	备注
				后视减前视		平均高差			
				+	−	+	−		

观测者：　　　　　计算者：　　　　　校核者：

表 6-9　分层沉降观测记录表

时间	杆顶高程 m	接管长度 m	沉降板高程 m	沉降值 mm	地下水位 m	荷载 kPa	天气 / 温度 ℃	备注

观测者：　　　　　计算者：　　　　　校核者：

（2）水准测量的内业计算。水准测量的外业工作结束后，要检查外业手簿，确认无误后，再转入内页计算。水准测量的内业计算包括水准线路闭合差的计算和分配以及水准点的高程计算。

（3）绘制测点的沉降与荷载时程线，如图 6-6 所示。绘制测点沉降速率时程线，如图 6-7 所示。

（4）观测资料的分析。沉降观测结果在观测完成后应及时整理分析，结合水平位移、孔隙水压力等有关资料，并与设计进行对比，分析判定滩海油田人工岛工程围埝或靠泊体等重要设施有无塌滑、开裂或倾覆的危险。对沉降速率加快、突变等异常现象，及时分析研究，找出原因。

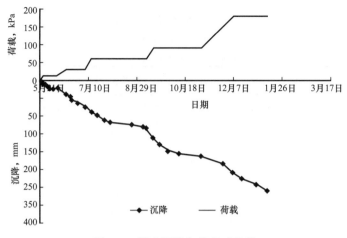

图 6-6　测点沉降与荷载时程线

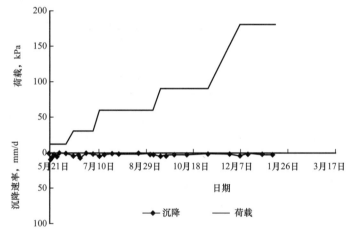

图 6-7　测点沉降速率与荷载时程线

第三节　孔隙水压力监测

孔隙水压力监测主要是测定地基土体中孔隙水压力增长及其分布与消散情况。

通过孔隙水压力的观测数据，可以判断土中超静孔隙水压力对施工阶段的施工质量、进度的影响，以及对围埝及靠泊体等重要设施的稳定性影响等。

孔隙水压力观测断面应结合场地分布情况进行，尽量布置在围埝竖向荷载较大的位置。测点数量应结合地基土质条件确定，在地基有效压缩层内每隔 2～3m 埋设一个测点。孔隙水压力计的埋设应先于围埝施工进行，每个钻孔埋设一个孔隙水压力计。

孔隙水压力的观测，应与水平位移和沉降观测配合进行，并应同时观测人工岛外侧水位。

施工期观测频次宜为每天 1 次；回填结束后第 1 年，宜每月观测 1 次；回填结束 1 年后，可半年观测 1 次；出现异常情况时，应加密观测。

一、孔隙水压力计工作原理

孔隙水压力观测采用孔隙水压力计，目前国内常用的孔隙水压力计有水管式、测压管式、钢弦式、差动电阻式、电阻应变片式等。水管式和测压管式仪器设备费用较低，测量精度较高，使用耐久，但操作和埋设较频繁，不宜深孔埋设。钢弦式结构牢固，长期稳定性比较好，也不受埋设深度影响，施工干扰小，埋设和操作简单。差动电阻式结构牢固，长期稳定性好，不受埋设深度影响，施工干扰小，埋设和操作技术要求较高。电阻应变片式反应灵敏、精度高，埋设简单，施工干扰小，但长期稳定性差，仅适宜短期观测。钢弦式孔隙水压力计稳定性较好，观测自动化易实现，故建议在滩海油田人工岛工程监测中优先采用。

钢弦式孔隙水压力计由测头（带传输信号的屏蔽电缆）和钢弦频率测定仪组成。钢弦式测头由透水体、钢弦压力传感器、信号传输电缆组成。其工作原理是：测头的传感器承受作用于其承压膜上的孔隙水压力，并使之转换成频率输出，应用钢弦式频率测定仪接受其自振频率，即可换算出相应的孔隙水压力值。

二、孔隙水压力计安装埋设（钢弦式）

滩海油田人工岛工程中，孔隙水压力计一般采用钻孔埋设的方法。

1. 埋设前的准备工作

（1）将透水石放入纯净的清水中煮沸 2h，以排除其孔隙内气泡和油污。煮沸后的透水石需浸泡在冷开水中，应避免露出水面。

（2）准备好埋设考证表（表 6-10）和观测记录表（表 6-12）。

（3）将每个孔隙水压力测头按设计图纸要求进行编号，并按电缆的长度在电缆上每隔 5m 做一同测头的编号，最好在电缆线上印字或用铝皮打钢印制作。

（4）准备封孔、回填材料，如干净的中粗砂、膨润土泥球、止水环等。

（5）准备埋设的用具，如水桶、皮尺、塑料袋、钻孔埋设时测头与钻杆连接管等。

（6）检查钢弦频率测定仪，应工作正常。

2. 钻孔

钻孔采用干钻法。一般采用 ϕ108mm 的开孔器，一孔一头。干钻时可向孔内加水润滑，但禁止用压力水冲钻成孔，以免产生大的孔穴。钻进过程中应随时下套管护壁。钻孔底高程应比测点设计高程低约 300mm。详细记录成孔时土层的分布情况，必要时取一定数量的土样进行土工试验。成孔后应清孔，通过钻杆注入清水将孔内泥浆翻出。

3. 测头的埋设

（1）测头上未装上透水石前，在大气中测量初始频率，并记录现场温度和大气压力值。

（2）将透水石在水桶中装在测头上，将测头连同水桶送到钻孔边，将接管连接于钻杆上。

（3）检查孔底高程，确认满足埋设高程的要求后，将套管上拔500mm，向孔内用导管注入干净的中粗砂，使孔底高程低于测点高程约150mm。

（4）下测头时，将测头连水装入塑料袋，塑料袋用绳子系紧，与测头一起下放，到达孔内水位以下时，将绳子上提，测头穿过塑料袋继续下放，就位，塑料袋应提出孔外。

（5）确认测头定位后，向孔内放入干净中粗砂约300mm高，使测头埋入砂中，测记埋设高程。

4. 封孔

测头埋入砂中后进行观测，确认其工作正常后，将套管上提，便可向孔内投放泥球封孔。每提一段套管，封一段泥球，使泥球始终保持在套管以下投放。泥球投放速度要慢，以免卡孔，并应分段量测填孔的深度、砂和泥球的投入量，与此同时可向孔内泥球孔隙注入适量的泥浆。孔中的电缆应放松弛，埋设过程中要防止损坏电缆。

5. 电缆埋设和保护

（1）电缆松弛，孔口预留沉降的长度。

（2）为防止堆载过程中载重汽车压断电缆，电缆外加金属管保护。

表6-10　钢弦式孔隙水压力计埋设考证表

工程名称：

测点编号		测头型号		量程	
钢印号		出厂接线长度		电缆型号	
外形尺寸		生产厂家			
埋设位置	横断面号（桩号）		地下水位		
	地面高程		回填料		
	埋设高程		回填土密度		

续表

电缆接线及接头处				
电缆接头形式			电缆埋置深度	
传感系数			埋设前初值	
埋设日期		天气	气温	埋设后实测
埋设示意图及说明				
埋设人员			填表人（签字）	
			技术负责人（签字）	
			监理人员（签字）	

表 6-11　钢弦式孔隙水压力观测记录表

工程名称：

测点编号：　　　　　　　　　　　　　测点高程：　　　　m

初频 $f_0=$　　Hz　　　　　　　　　　测头系数 $K=$　　　kPa/Hz^2

观测日期	填土高程 m	填土密度 t/m^3	测读频率 f_i Hz	孔隙水压力 kPa	地下水位 m	观测者	备注

观测者：　　　　计算者：　　　　校核者：

三、观测方法

孔隙水压力测头埋设后需立即进行观测，并将其始测值填入埋设考证表。在施工期及运行期观测频率按照监测设计要求进行，出现异常情况时，应加密观测。

钢弦式孔隙水压力计的测读仪表是钢弦式频率测定仪。仪器使用前须熟悉测量仪表的操作说明书，切勿在不熟悉操作方法的情况下上岗工作。

钢弦式频率测定仪是测读自振频率变化，由频率换算成压力。根据孔隙水压力测头的激励方式不同，有示波法测频和直接测频两种方法。

（1）示波法测频用于间歇（单线圈）激励方式，其操作方法如下：

① 按仪器使用说明书要求接通电源（将电源开关拨向"交流"或"直流"位置）和信号输入线。

② 频率自校，接通电源后，数码管亮，将选择开关拨向"校准"。校准无误后即可进行测量。

③ 将孔隙水压力测头电缆接入"输入"插孔（可用接线箱或直接接入输入）。

④ 将选择开关拨到"示波"位置，待示波管出现图形后，适当调节"Y"增益旋钮，使"Y"方向的振幅适中，调节频率调节旋钮和微调旋钮，使示波管显示的图形变成一个滚动稳定的"椭圆"，此时数码管显示的数字即为孔隙水压力测头钢弦的自振频率。

（2）自动测频用于间歇（单线圈）激励方式孔隙水压力仪的自动测频，其操作方法如下：

① 按上述（1）的①～③步骤进行。

② 将选择开关拨到"自动"位置，此时数码管显示一稳定数字即为测头钢弦的自振频率。

四、资料整理

（1）孔隙水压力观测成果应及时记录在记录表内，记录格式按表6-11进行，并随时计算、校核整理，有问题的要立即补测，及时查明原因。

（2）孔隙水压力观测资料应及时进行整理分析，编写阶段报告和特殊情况的专门报告，和计算值进行对比论证，结合施工运用，分析孔隙水压力变化速率、范围、趋势，提出对设计、施工、运行的意见和建议。

（3）根据核对无误的资料，绘制孔隙水压力与荷载时程线，如图6-8所示。

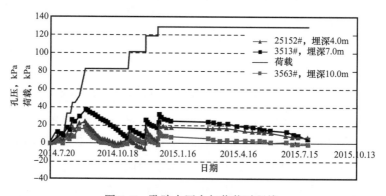

图6-8　孔隙水压力与荷载时程线

（4）观测资料的分析。观测结果在观测完成后应及时整理分析，结合回填施工的情况，以及水平位移、沉降等观测资料，并与设计进行对比，分析判定人工岛围堰或靠泊体等重要设施有无塌滑、开裂或倾覆的危险。对孔隙水压力增长过快、突变等异常现象，及时分析研究，找出原因。

第四节 水 位 监 测

水位监测不同于常规水文站水位测量，是一个辅助监测项目，包括回填区地下水位和围堰水位两部分测试。

人工岛围堰地下水位受潮位影响较大，要准确测量和判断土体中孔隙水压力真实的增长及其分布与消散情况，必须同时进行地下水位和孔隙水压力的观测。

滩海油田人工岛工程岛外水位高程超过设计预警值时，将会影响施工期作业安全和运行期人工岛的安全。

水位观测点设置在便于观测和维修的地点。岛内地下水位监测可以通过预先埋设水位管，采用水位计进行观测；人工岛外侧水位可通过设置水文尺或预埋水位管的方式来进行观测。

水位测量要求参照水文规范的相关规定执行。观测设备的水准基面与沉降观测采用的水准基面一致。水位观测频率可与孔隙水压力观测频率一致。

一、水位计工作原理

目前，国内常用的水位计有投入式水位计、浮子式水位计、往复式水位计、平尺水位计以及水位尺等。其中平尺水位计以及水位尺设备费用较低，埋设和操作简单，在滩海油田人工岛工程监测中较为常用。

平尺水位计的水位探头和塑胶测尺相连，测尺固定在卷筒上，探头的两极之间有一个绝缘间隙，当探头和水接触时形成短路，电路接通音响蜂鸣器和指示灯，即可在顶部测尺上读取水位深度。水位尺直接采用水准测量的方法即可。

二、水位管安装埋设

水位管的埋设通常采用钻孔埋设法，其要点如下：

（1）水位管埋设前的准备工作。

① 水位管可采 ϕ50mm 的硬质 PVC 塑料管。埋设前按照 300mm 一个断面在管壁上人工钻眼，每个断面对称布置 4 个孔眼。

② 为防止泥沙从人工钻眼进入管内，在其外侧均包以 300g 的无纺土工布，外用塑料绳捆扎，无纺土工布接口处用电工胶带粘接。

③水位管在孔外一次性接成。

（2）用根据设计的观测孔位用测量的方法进行定位。

（3）在定位点安装钻机钻孔。钻孔直径为 108mm，孔深按设计要求，保证管底在设计低水位 1.5m 以下。成孔倾斜度偏差不允许大于 1°。

（4）水位管埋入钻孔中。将连接好的水位平直移向孔口，底端朝向孔口，缓慢将管整体送到设计高程。

（5）管壁外侧的回填和固定。管壁外侧空隙可采用用孔中取出的扰动土或干膨润土泥球回填。为了防止泥球架空，可采用轻捣密实，泥球的最大直径小于 15mm，级配适当。水位管固定，并安装有锁的保护盖。

（6）进行已埋设水位管初始状态的观测，所观测的结果视为基准值记入埋设考证记录表（表 6-12）。

表 6-12　水位管埋设考证表（钻孔埋入式）

工程名称：

管号		管顶高程		孔底高程		孔深	
水位计型号		生产厂家		水位高程			
水位管埋设位置	桩号			水位管埋设区域			
	轴距						
埋设方式				管材			
接管根数				管径			
埋设日期			天气		气温		
埋设示意图及说明							
埋设人员				填表人（签字）			
				技术负责人（签字）			
				监理人员（签字）			

三、观测方法

水位管埋设后，待水位管四周土体基本密实后再进行初始值测量，并将其值填入埋设考证表。

在施工期及运行期观测频率应按照监测设计要求进行，出现异常情况时，应加密观测。

水位测量可按照下面步骤进行：

（1）测量仪器使用前须熟悉测量仪表的操作说明书，切勿在不熟悉操作方法的情况下上岗工作。

（2）按照水准测量的方法，进行水位管管顶高程测量并记录。

（3）将水位计测头缓慢放入水位管中，音响蜂鸣器鸣叫时即可在顶部测尺上读取水位深度，记入水位观测记录表。

（4）收起水位计测头。

水文尺设置好后，按照水准测量的方法进行测量记录即可。

四、资料整理

（1）水位观测成果应及时记录在记录表内，记录格式按表6-13进行，并随时计算、校核整理，有问题的要立即补测，及时查明原因。

表6-13 水位观测记录表（钻孔埋入式）

工程名称：

测点编号：

观测日期	基点高程 m	后视读数 m	前视读数 m	管顶高程 m	水位深度 m	水位高程 m	观测者

观测者： 计算者： 校核者：

（2）水位观测资料应及时进行整理分析，编写阶段报告和特殊情况的专门报告，和计算值进行对比论证，结合施工运用，分析水位的变化，对土中孔隙水压力的变化值进行修正。

（3）根据核对无误的资料，绘制水位与时间关系曲线，如图6-9所示。

图 6-9　水位与时间关系曲线

（4）观测资料的分析。观测结果在观测完成后应及时整理分析，结合孔隙水压力、水平位移、沉降等观测资料，并与设计进行对比，对地下水位变化异常的现象应及时分析研究，找出原因。

第五节　水域冲淤监测

在滩海人工岛建设和运营过程中，天然水流得到约束，改变了水域的水文条件，岛四周的水流泥沙和沉积环境会发生不同程度的变化，对人工岛的工作状态会产生很大的影响，因此需要对滩海人工岛周边水域海床冲淤变化方面进行研究和监测。通过水域冲淤深监测，可以分析不同时期水底泥面分布情况，从而对水域冲淤情况做出客观评价，同时，对有可能影响工程使用和安全的情况提出处理对策。因此，水域冲淤监测也是滩浅海人工岛安全监测的重要组成部分。

冲淤监测是通过观测水下地形变化来确定，水下地形则是通过观测水深的方法求得。

综上，利用水深观测可分析出滩海人工岛周边的水域冲淤变化情况。

一、监测仪器

高精度、高效率的测深定位技术发展大大促进了冲淤监测技术的发展与改进。水域冲淤监测主要手段为水深测量。

水深测量主要由定位和测深两部分组成。近30年来，水上定位技术飞速发展，定位手段从传统的航海定位仪器——六分仪发展到无线电定位系统再发展到卫星导航定位系统，定位精度从几十米至几米再提高至厘米级，作业时间不受距离和视线限制，可全天候定位。目前，水上常用的定位技术有：RBN-DGNSS，即无线电指向标 / 差分全球定位系统，精度不少于 3m；卫星差分定位系统（广域差分），精度根据所选择的服务类型从

0.10～1.0m 不等；单基站 RTK 技术，覆盖半径在 20km 左右，平面及高程精度可达到厘米级；多基站网络 CORS 技术，由均匀分布或非均匀分布的 3 个以上的 GNS 参考站组成，相邻基站距离在 60～80km，通过有线或无线通信方式与控制中心的控制软件连接，经数据处理中心对原始观测数据综合处理后，建立相应的空间定位信息数据库，并由信息发播系统向外发布，为移动站提供精确的位置修正数据，进行高精度、高速度、实时动态的定位和导航服务，平面及高程精度仍可达到厘米级。

测深手段多样化，测深设备从传统水砣绳测、测深杆发展至单一频率和波束的回声测深仪，到双频回声测深仪，再到多波束测深系统，测深标称精度由几米提高至几厘米，获取数据从点到线再到面。水下地形的测量信息采集、数据处理的技术越来越完善，测深数据采集趋向大数据、高精度、高效率、全覆盖的方向发展。本节主要介绍普遍应用的 GNSS、测深、水位观测设备。

1.RTK-DGNSS

随着卫星定位技术的快速发展，人们对快速高精度位置信息的需求也日益强烈。而目前使用最为广泛的高精度定位技术就是 RTK（Real-Time Kinematic，实时动态定位），RTK 技术的关键在于使用了 GNSS 的载波相位观测量，并利用了参考站和移动站之间观测误差的空间相关性，通过差分的方式除去移动站观测数据中的大部分误差，从而实现高精度（分米级甚至厘米级）的定位。

RTK 技术在应用中遇到的最大问题就是参考站与移动站之间的有效作用距离。GNSS 误差的空间相关性随参考站和移动站距离的增加而逐渐失去线性，因此在较长距离下（单频 >10 km，双频 >30 km），经过差分处理后的用户数据仍然含有很大的观测误差，从而导致定位精度的降低和无法解算载波相位的整周模糊。所以，为了保证得到满意的定位精度，传统的单机 RTK 的作业距离都非常有限。

为了克服传统 RTK 技术的缺陷，在 20 世纪 90 年代中期，提出了网络 RTK 技术。在网络 RTK 技术中，线性衰减的单点 GNSS 误差模型被区域型 GNSS 网络误差模型所取代，即用多个基准站组成的 GNSS 网络来估计一个地区的 GNSS 误差模型，并为网络覆盖地区的用户提供校正数据。而用户收到的也不是某个实际基准站的观测数据，而是一个虚拟基准站的数据，和距离自己位置较近的某个参考网格的校正数据，因此网络 RTK 技术又被称为虚拟基准站技术。

高精度的 GNSS 测量必须采用载波相位观测值，RTK 定位技术就是基于载波相位观测值的实时动态定位技术，它能够实时地提供测站点在指定坐标系中的三维定位结果，并达到厘米级精度。在 RTK 作业模式下，基准站通过数据链将其观测值和测站坐标信息一起传送给流动站。流动站不仅通过数据链接收来自基准站的数据，还要采集 GNSS 观测数据，并在系统内组成差分观测值进行实时处理，同时给出厘米级定位结果，历时不足 1s。流动站可处于静止状态，也可处于运动状态；可在固定点上先进行初始化后再进入动态作业，也可在动态条件下直接开机，并在动态环境下完成整周模糊度的搜索求解。在整周未知数解固定后，即可进行每个历元的实时处理，只要能保持 4 颗以上卫星相位观测值的跟踪和必要的几何图形，则流动站可随时给出厘米级定位结果。在水域冲淤监测中可充分利用 RTK 的三维高精度实现 RTK 三维水深测量。

2. 水位观测设备

水位观测也可称为潮汐观测。设立水位站观测水位的目的：一是为了获得测深时刻测得深度的水位改正数，进行水位改正；二是为了确定各站的多年平均海面、深度基准面、各分潮的调和常数，进行水位分析和预报。所以水位观测应贯穿于海道测量的全过程。

水位观测的主要手段有水位水尺、水位井、压力式验潮仪和声学水位仪等。

《IHO 海道测量规范》规定：水位观测的全部误差，包括时间误差，在特等测量时不大于 5cm，其他测量不大于 10cm。为使水深数据在将来使用，在充分利用先进的卫星观测技术时还可以充分利用水位观测时建立的深度基准面和地心坐标系椭球高之间的关系（如 WGS-84 椭球）。

沿岸水位站可以采用自记水位仪、便携式水位仪和水尺进行水位观测，其观测误差不得大于 2cm，海上定点水位站可采用水位计或回声测深仪，水位计观测误差应不大于 5cm。用回声测深仪进行观测，站位处水深不得超过 50m，观测误差不得大于水深的 1%。

3. 测深设备

20 世纪 20 年代出现回声测深仪之前，只能使用人工测量设备进行深度测量，目前在无法使用回声测深仪或使用测深仪只能得到错误的水深结果时，应使用测深杆或测深锤（图 6-10）进行水深测量。测深杆一般用木杆制成，底部装有底盘和底质探测孔。木杆上有刻度值，通常 20cm 为一刻化，适用于海草丰富、礁石、混凝土海底的探测，该类海底使得测深仪可能产生虚假信号，必须使用人工方法进行深度测量，在浅水区可以称为最准确的深度测量设备。测深锤特别适用于礁石区、人工混凝土海底、防浪堤、护岸的斜坡和靠近堤岸建筑的区域（例登陆点前沿）的深度探测。而回声测深仪在上述区域一般测得的深度不准，甚至接收的是岸壁的回波信号。测深锤也可用于淤泥松散的海底探测，回声测深仪探测淤泥松散海底时通常无法反映真实海底。

回深测深仪一般适用于各种比例尺的大面积深度测量，选择测深仪时应主要考虑深度测量范围、测深精度、分辨率、覆盖面积、覆盖重叠带、检验可靠性等因素。在地貌复杂海区应选择垂直波束角小的回声测深仪；港湾、航道和沿岸水深测量应选用浅水回深测深仪。测深仪的主要技术要求如下：测深精度满足规范深度测量的要求；工作频率为20~200kHz；换能器波束角为3°~10°；连续工作时间大于24h；船速不大于15kn，在横摇10°和纵摇5°的情况下仪器能正常工作；记录方式为模拟记录和数字记录两种。

回深测深仪主要由甲板单元和水下单元两部分组成，水下单元基本上采用收发合一的换能器，实现声电交互转换。甲板单元由接收单元、发射单元、显示单元及电源部分组成，用于控制测深的参数设置及显示模拟声图、实现模数转换等。

单波束回声测声仪的工作原理是利用通过甲板单元内的发射单元发射信号，信号由换能器转换为声波，当声波遇到障碍物而反射回换能器至甲板单元内的接收单元时，根据声波往返的时间和所测水域中声波传播的速度，就可以求得障碍物与换能器之间的距离。

换能器在水中发出声波，声波遇到目标物（如海底）会发生反射现象，当发射波到达换能器时，根据接受回波与发射脉冲间的时间差就可以得到测量点的深度。设在船底安装换能器 A 和 B，两换能器间隔为 S，M 点为 AB 中点，船底到海底的垂直距离为 h，船舶吃水为 D，水深为 H，如图 6-11 所示。

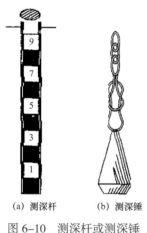

(a) 测深杆　　(b) 测深锤

图 6-10　测深杆或测深锤

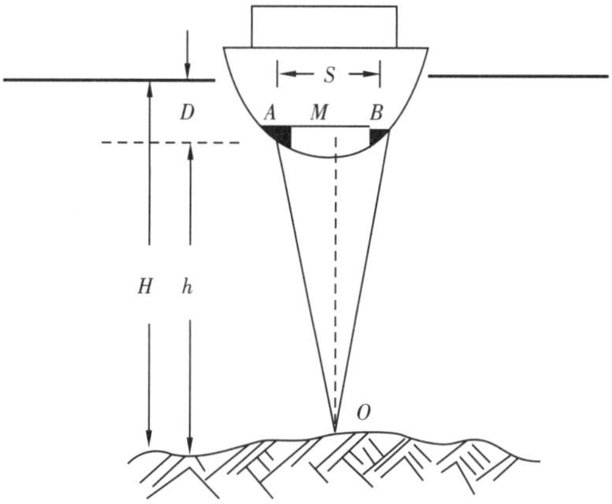

图 6-11　单波束测深仪工作原理图

由图 6-11 可知，水深应为：

$$H=D+h$$

船的吃水 D 已知，只要确定 h 就可以求得水深 H。水中传播速度 c 为常量，近似取为 1500m/s，声音信号从换能器 A 发射后沿路径 AO 传播到海底，经 O 点反射后沿路径 BO 回到接收换能器 B 的往返时间为 t，由图 6-11 可知：

$$h = MO = \sqrt{(AO)^2 - (AM)^2} = \sqrt{(ct/2)^2 - (S/2)^2} \tag{6-6}$$

若为收发合置换能器，S 值为 0，式（6-6）可以简化为：

$$h = ct/2 \qquad\qquad (6-7)$$

由公式可知，单波束回声测深仪测得的是船底到海底深度 h，通过测量声波返回时间就可以计算得到船的深度。由于在一定深度范围内，声速 c 随外界温度、盐度等因素影响变化不大，理论计算时可以近似取为 1500m/s，但声速受外界影响较大时需要计入补偿。

测深过程中应注意以下问题：

（1）首先必须熟悉测量仪器的操作说明书，切勿在不熟悉操作方法的情况下上岗工作。

（2）将测深仪的换能器安装在距离测量船船首 1/3～1/2 船长处。

（3）甲板单元中进行频率、脉宽、幅度、重复周期等信号参数的设定。由甲板单元发射单元发送信号到水下单元——合置换能器，实现电能至声能的转换，声能经海底反射后通过换能器转化为电能由甲板单元接收单元进行信号处理后得到测点的水深。

（4）每次测深前后应在测区对测深仪进行现场比对。水深小于 20m 时，可用声速仪、水听器或检查板对测深仪进行校正，直接求取测深仪的总改正数；水深为 20～200m 时可采取水文资料计算深度改正数，但采用手工换挡设备时应测定因换挡引起的误差。

（5）对既有模拟记录又兼有数字记录的测深仪进行检验时，应同时校对模拟信号和数字信号，检验结果以模拟信号为准。

（6）使用机动船测深时，应根据需要测定测深仪换能器动吃水改正数，改正数小于 0.05m 时可不改正。

（7）测深仪记录纸的走纸速度应与测量船的航速匹配，记录纸上的回波信号应能清晰反映水底地貌。

（8）当测深仪记录纸上的回波信号中断或模糊不清在纸上超过 3mm，或测深仪零信号不正常无法量取水深，或 GNSS 精度自评不合格，或测深点号与定位号不符且无法纠正等现象时，需要进行补测。

（9）当深度比对超限点数超过参加比对总点数的 20%，或确认有系统误差但又无法消除改正时，应重新进行测量。

二、监测技术要求

滩海油田人工岛工程周边水域冲淤情况可通过水域水深测量（必要时增加流速、流向和泥沙观测）来查明。水域水深测量可采用有模拟记录的单波束回声测深仪或多波束测深系统，水域冲淤测量宜采用单波束回声测深仪系统，在浅水区域可采用测深杆或测深锤的人工方式。

水深测量前应检查平面和高程控制点，校对基准面与水尺零点或自记水位计零点的关系。水深测量应在风浪较小的情况下进行，当波浪超过 0.6m 时应停止作业。

水深测量定位点点误差应满足表 6-14 的规定。

表 6-14 测深定位点点位中误差

测图比例尺	定位点点位中误差限制，mm
＞1：5000	图上 1.5
≤1：5000	图上 1.0

在不考虑平面位移的情况下，水深测量的深度误差应符合表 6-15 的规定。

表 6-15 深度误差限值

水深范围，m	$H \leq 20$	$H > 20$
深度误差限值，m	±0.2	±0.01H

水域冲淤监测时，多波束监测应对监测区域进行全覆盖测量，单波束监测断面设置应满足以下规定：

（1）测深线宜按横断面布设，断面方向宜垂直于岛体；

（2）断面测量不应低于 1：1000 的测图定位精度，测点高程中误差不应超过 0.2m，测点间距不大于 10m，监测断面总数不少于 8 条；

（3）横断面间距施工期、竣工初期宜为 25～50m，运营期宜为 50～100m；

（4）断面范围宜控制在从设计高水位与护坡交线向外至少 1000m。

施工期水域冲淤观测频率可根据不同施工阶段的需要确定；回填结束后第 1 年，半年观测 1 次；回填结束 1 年后，每年观测 1 次；出现异常情况时，应加密观测。水域冲淤监测报告应包含水域冲淤监测布置图、断面比较图（具有代表性的断面）、冲淤等值线图、水深测量平面图等。

三、水深测量

水深测量通常由测量准备、数据采集、数据处理和数据分析等部分组成，利用计算机软件＋导航、测深等硬件进行。

施测之前，测量工作主要分为测前准备、数据采集和数据检查、数据处理、数据分析等方面。

1. 测前准备

测前准备在测量工作实施过程中是一个非常重要的环节，它是整个测量工作的基础。

有了充分的测前准备才能保证外业数据采集工作的顺利进行。测前准备主要包括以下几个方面：

（1）创建项目。每一次测量都要先创建一个项目，这个项目包含所有的与测量有关的文件和信息。

（2）设置大地参数。当创建好了项目，需设置测量所用的参考椭球体、坐标系统、投影参数（投影类型、中央子午线的经度、比例因子）以及输入坐标转换参数，大地测量参数设置对整个工程的施工控制起着确定性的作用，如果设置错误将产生不可预计的后果。

（3）制作电子海图。在水深测量中，电子背景海图的重要性众所周知。它不但可以引导测量船准确驶进测量区域，更可以清晰地表示出暗礁、沉船等障碍物的地理位置，保证测量船的航行安全。

（4）生成测量计划线文件。测量计划线用来指导测量船采集水深数据时的航行路线，在外业数据采集过程中是必不可少的。测线可以根据等深线及岸线的走向编辑生成中心线、平行线、放射线、搜索方式、阶梯步进、延长线等不同作业需求的测线。

（5）硬件设置。GNSS、测深仪、运动补偿器是水深测量中必不可少的硬件设备。对于每一种设备都需要有相应的驱动程序把硬件信息与数据采集软件的程序主体连接起来。

2. 数据采集

在测量船进入测量区域进行数据采集之前，应首先要打开建立的项目，加已经做好的电子海图文件和测量计划测线文件。采集过程中注意导航参数以及数据记录参数的设置。

在外业数据采集过程中，对于长测量线的测量，由于记录数据量很大，可分段实现。

当外业原始数据采集完成以后，必须对原始资料进行检查，检查资料是否完整。如果资料不全，要返回测区进行补测。

3. 数据处理

实际工作中导航定位数据、姿态数据、深度等都会由于受到的各种不同限制或多或少存在，因此在数据处理过程中必须对原始采集的数据进行假信号甄别改正。在上述基础上进行水位改正、声速改正等，最终得到成图所需 XYZ 格式数据。

4. 数据分析

冲淤监测的数据分析主要包括断面比对图的绘制、冲淤量的计算以及冲淤色块图的绘制。本书介绍基于 TIN 模型的冲淤分析方法。

TIN 模型的原理：地球表面高低起伏，呈现一种连续变化的曲面，这种曲面无法用平面地图来确切表示，广泛应用一种全新的数字地球表面的方法——数字高程模型的方法。数字高程模型即 DEM（Digital Elevation Model），是以数字形式按一定结构组织在一起，表示实际地形特征空间分布的模型，也是地形形状大小和起伏的数字描述。DEM 有 3 种主要的表示模型：规则格网模型、等高线模型和不规则三角网。不规则三角网 TIN（Triangulated Irregular Net）模型是一种表示 DEM 的方法，在水域冲淤监测中广泛应用。模型根据区域内有限的离散点将区域剖分为相邻的三角面网络，区域中任意点落在三角形的顶点、边上或三角形内，若点不在顶点上，该点的高程可通过线性插值法获得，三角面的形状和大小取决于不规则分布的测点的位置和密度，能够避免地形平坦时的数据冗余，又能按地形特征点表示数字高程特征。TIN 表面数据模型由结点（Node）、边（Edge）、三角形（Triangle）、包面（Hull）和拓扑（Topology）组成。在 TIN 中，满足最佳三角形的条件为：尽可能地保证三角形的三个角都是锐角，三角形的三条边近似相等，最小角最大化。TIN 通常用于较小区域的高精度建模（如在工程应用中），此时 TIN 非常有用，因为它们允许计算平面面积、表面积和体积。

断面比对图的绘制：将采集的水下地形高程构成 TIN 模型，采用预先设定好的断面文件，可以生成指定桩号的横断面线，断面上任意点的高程信息均能通过 TIN 模型三角网内插计算得出，将不同时期的水深测点数据生成的断面线叠加显示，并加以相应的注释，即可分析出某时段内海底的冲淤变化。

冲淤量的计算：通常冲淤量的计算思路是将两次水深测量数据相间的差值，再乘以相应的面积范围，之后累加得到整块区域的冲淤量。但实际上，两次测量数据通常不在同一个平面位置上，无法直接将水深值作差值处理，因而需要引入一个参考面（通常为设计断面），将每次的测量数据与参考面作差值，计算出差值面积，根据平均断面法计算整个区域的剩余量，再将两次的剩余量作差值，即可得到该区域在某计算时段内的冲淤量。也可以根据区域的面积，将冲淤量转化为更加容易理解的平均冲淤厚度。

冲淤色块图的绘制：将两次水深测量数据作 TIN 模型差值处理，生成差值文件。将生成的差值文件生成 TIN 模型，将差值水深按不同的水深范围进行颜色设置，输入 DXF 格式包含等深线以及色块分层的 AUTOCAD 图形文件即可。

由 TIN 模型衍生出的断面比对图绘制、冲淤量的计算、冲淤色块图绘制 3 种分析方法不仅相互补充验证，而且各有侧重。

（1）断面比对图能直观地反映出指定断面多个时间段内的水深变化情况，同时，能反映某个断面与设计断面之间的差值。如需分析某个区域，需要以一定的间距生成一系列断面。由于断面比对图只能反映某个断面的变化，不能反映相邻两个断面之间的情况，可能会遗漏一些重要信息。

（2）冲淤量的计算从量值上直观反映了某区域冲淤变化情况。由于冲淤量的计算不能将计算区域无限细化，一些水深变化剧烈的区域会被周围区域平均而变得平缓，从而可能会遗漏一些重要信息或影响计算的准确性。

（3）冲淤色块图以彩色图形的方式直观显示了某区域内的冲淤变化，清晰明了。但是冲淤色块图只能显示两次测量数据之间的变化情况，对于多次数据的联合分析，还需要参考断面比对图。

（4）水文观测结果可为冲淤分析提供定性分析的手段，为阐明冲淤变化规律提供基础资料。

综上所述，TIN模型衍生的3种冲淤分析方法各有特点，在具体应用中应根据实际情况选择合适的方法，并使用另一种方法进行验证，为生产决策提供正确的参考。直观的冲淤分析若需阐明机理，须结合水文观测结果进行。

第六节　监测资料整理分析和反馈

资料的整理分析和反馈是滩海油田人工岛工程安全监测工作中必不可少、不可分割的组成部分，也是满足诊断、预测和研究等方面的需求，进行安全监控指导施工和改进设计方法的一个重要和关键性环节，在工程的施工、运行等不同阶段都将发挥重要作用。

由于滩海油田人工岛工程自身的特殊性和复杂性，在一般情况下，直接采用监测的原始数据对围埝或靠泊体等构筑物安全稳定状态进行评估和反馈是困难的。因此，为了实现工程安全监测的设计目的，一般需要结合构筑物的不同时段的不同特点和要求，分别选用不同的手段和方法，认真做好监测资料的整理分析、预报和反馈中的下列各项工作：

（1）对监测数据和资料的整理分析和解释。

（2）对监测对象的稳定安全状态进行评估、预测和预报，以确保施工运行安全，预防避免各种失稳安全事故。

（3）依据监测资料的整理分析和安全稳定性评估，反馈指导设计、施工和运行方案的修改和优化。

（4）校验设计理论、物理力学模型和分析方法，为改进工程的设计施工方法和运行管理提供科学依据。

一、监测资料整理分析和反馈要求

监测资料整理分析和反馈要满足可靠性、适用性和及时性要求。

（1）可靠性。监测资料整理分析反馈必须以保证数据成果的准确可靠为基本前提。原始资料在现场校验后，不进行任何修改。粗差的识别和剔除必须稳妥慎重，严格按照有关规定要求进行。经整理和整编后的监测资料和数据库亦不应修改。

所引用的分析方法应做到基本理论正确，方法步骤合理，经过实际工程验证，并得到岩土工程同行认可。

所采用的计算机程序一般应通过鉴定，并得到同行公认，经过若干工程使用验证。监测资料整理分析的数据、资料、成果和报告必须全面质量管理要求，认真执行验收校审制度，并应及时整理归档。

（2）适用性。监测资料整理分析和反馈应以解决工程实际问题为基本目的，不片面强调理论、模型和方法的先进完善。成果报告内容应以满足有关岩土工程规范要求，回答解决工程面临的安全问题为限，不要求做更广泛的商榷探讨。

（3）及时性。每次观测后应立即对原始数据检查校核和整理。

二、监测资料整理分析和反馈的基本内容和方法

工程监测资料整理分析反馈的方法和内容，通常包括监测资料的收集、整理、分析、安全预报和反馈及综合判断和决策 5 个方面。

（1）收集。监测数据的采集、记录、存储、传输和表示等。工程监测部位的地质资料、周边的潮汐、波浪、气象资料。

（2）整理。原始观测数据的检验、物理量计算、填表制图、异常值的识别剔除、初步分析和整编等。

（3）分析。通常采用比较法、作图法、特征值统计法、物理模型法等，分析各监测物理量值大小、变化规律、发展趋势、各种原因量和效应的相关关系和相关程度，以便对工程的安全状态和应采取的技术措施进行评估决策。

（4）安全预报和反馈。应用监测资料整理和反分析成果，选用适宜的分析理论、模型和方法，分析解决工程面临的实际问题，重点是安全评估和预报，补充加固措施和对设计、施工及运行方案的优化，实现对人工岛工程系统的反馈控制。

（5）综合判断和决策。应用系统工程理论方法，综合利用所收集的各种信息资料，在各单项监测成果的整理、分析和反馈的基础上，采用有关决策理论和方法（如风险性决策等），对各项资料和成果进行综合比较和推理分析，评判工程的安全状态，制订防范措施和处理方案。综合评判和决策是反馈工作的深入和扩展。

在滩海油田人工岛工程监测资料整理分析和反馈中，首先应遵照本类工程有关的规程规范的具体要求，在规程规范难以满足工程需求的特定工程条件下，可以参照相近其他类别工程规程规范或操作方法，但不宜机械照搬。

第七节 监测实例（南堡 NP1-3D 施工期安全监测）

本文以南堡 NP1-3D 施工期安全监测为例，介绍滩海人工岛施工期安全监测。

一、工程概况

NP1-3D 位于河北省唐山市滦南县北堡村南侧，南堡村西南侧，南堡浅滩 -5m 等深线附近。人工岛工程呈近似椭圆形布置，边长尺寸为 495m×298m，造地面积 200 亩 ❶。人工岛围埝采用袋装砂斜坡堤结构，岛心采用吹填砂形成，引桥及登陆点布置在人工岛北侧，采用高桩墩台结构形式，桩基采用钢管桩。根据土工试验成果，各土层工程特性指标统计见表 6-16。

表 6-16 各土层工程特性指标统计表

土层	含水率 %	湿密度 g/cm³	孔隙比	黏聚力 kPa	内摩擦角 (°)	渗透系数 cm/s
① 淤泥质粉质黏土	37.6	1.83	1.030	11.0	16.1	1.30×10^{-7}
② 粉砂	25.9	1.94	0.736	3.0	28.3	3.81×10^{-4}
③ 黏质粉土	28.4	1.90	0.795	10.0	23.8	1.04×10^{-4}
④ 粉砂	25.2	1.92	0.731	6.3	28.2	2.04×10^{-4}
⑤ 粉质黏土	29.1	1.94	0.821	12.2	18.3	6.88×10^{-8}
⑥ 黏质粉土	24.8	1.98	0.717	12.2	24.2	1.57×10^{-6}
⑦ 粉砂	—	—	—	8.0	27.5	—
⑧ 粉质黏土	27.7	1.95	0.788	16.2	14.3	3.99×10^{-8}

二、监测内容

1. 围埝稳定观测

共设置 4 个观测断面，东、南、西、北侧堤各 1 个，观测内容包括侧向位移、地基孔隙水压力、地基分层沉降和滩面沉降，观测方法分别为测斜管、孔隙水压力计、分层沉降管和地面沉降板。见表 6-17。

2. 吹填区沉降观测

吹填区仅进行地面沉降观测，共布置 4 个地面沉降板。

---

❶ 1 亩 =666.67m²。

表 6-17　围埝稳定观测项目

项目	观测断面编号	人工岛围埝
	观测断面数量	4
测斜	观测点编号	L1～L4
	方法	活动式测斜仪
	测斜管数量，个	4×1
孔隙水压力观测	观测点编号	U1～U6
	方法	钢弦式孔隙水压力仪
	测头数量，个	4×6
分层沉降观测	观测点编号	S1～S6
	方法	电磁式沉降仪
	沉降管数量，个	4×1
	沉降环数量，个	4×6
地面沉降观测	观测点编号	WT1～WT4
	方法	地面沉降板
	地面沉降板数量，个	4×1

3. 水域冲淤监测

堤外滩地水深测量：人工岛围埝外侧高程 2.0m 处至距围埝堤顶前沿线外 300m 处之间范围的滩地，面积 0.811km^2。堤外滩地断面测量测线间距 10m，点距 5m，每条测线长 0.3km，总长 24km。

附近水域（大范围）水深测量：人工岛堤顶前沿线外侧 1000m 的水域，面积 5.6km^2。附近水域（大范围）断面测量测线间距 100m，点距 20m，每条测线长 2.5km，测线号 1～24，测线总长 60km。

三、监测要求

1. 坐标系统及高程基准

坐标系统：采用北京 54 坐标系，高斯 1.5 度带投影。

高程基准：采用曹妃甸理论最低潮面。

2. 安全控制标准

地面沉降 ≤ 10mm/d；侧向水平位移 ≤ 5mm/d。

3. 观测时间和观测频次

观测时间：观测工作自仪器埋设（安放）并经率定后开始，至施工结束后 6 个月为止。

观测频次：施工期间变形原则上应每天观测一次，施工速度较快或出现异常情况时，应加测，反之，可适当减少，竣工后可减少为半月至每月一次；人工岛周边水下地形施工前观测一次，施工结束后 6 个月内观测 2 次。

四、监测仪器选择与布置

根据设计要求，人工岛共布置 4 个观测断面埋设监测仪器。观测断面桩号分别为：0+182，0+514，0+929 和 1+239，如图 6-12 所示。

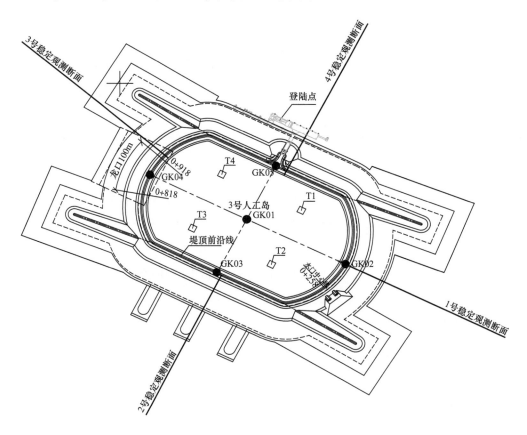

图 6-12　人工岛观测断面平面布置图

人工岛的 4 个观测断面，每个断面均布置了 1 块沉降板（WT）、1 孔侧向水平位移（L）、1 孔深层土体分层沉降（S1～S6）及 6 个孔隙水压力（U1～U6）等观测仪器，仪器数量见表 6-18，具体埋设位置如图 6-13 人工岛观测断面仪器布置示意图。

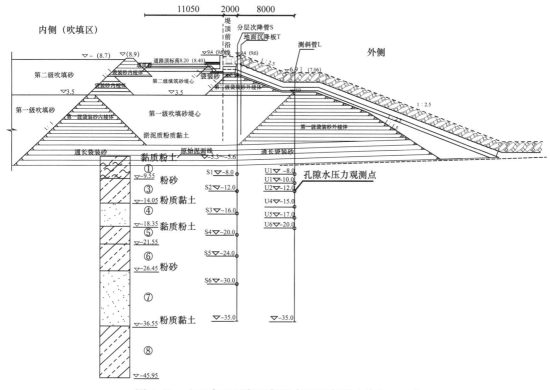

图 6-13　人工岛观测断面仪器布置示意图（单位：mm）

表 6-18　监测仪器布置数量汇总表

名称	沉降板	水平位移管	分层沉降管	孔隙水压力计
单位	块	个	个	个
编号	WT1～WT4	L1～L4	S1～S6	U1～U6
数量	4	4	4	24

五、监测成果

1. 围埝沉降

围埝 4 个观测断面的沉降过程线如图 6-14 所示。用指数曲线对实测的沉降—时间过程线进行拟合，从而可以推算出最终沉降量 S_∞：

$$S_\infty = \frac{S_3(S_2 - S_1) - S_2(S_3 - S_2)}{(S_2 - S_1) - (S_3 - S_2)}$$

（6-8）

式中　S_1, S_2, S_3——分别为从停载后的沉降—时间过程线上等时间间隔选取的 3 个沉降值，其中 $t_2 - t_1 = t_3 - t_2$。

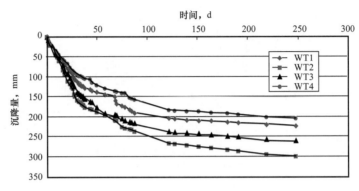

图 6-14　围埝沉降过程线

采用沉降估算地基的固结度，即利用最新实测沉降量和推算的地基最终沉降量来计算地基的固结度，计算公式如下：

固结度 U= 实测沉降 S_t/ 推求最终沉降 S_∞

根据各个断面的观测结果，推算的最终沉降量及地基固结度结果见表 6-19。

表 6-19　观测断面最终沉降及固结度

断面位置	沉降标编号	最终沉降 S_∞ mm	实测沉降 S_t mm	固结度 U %
1 号（0+182）	WT1	269	224	83
2 号（0+514）	WT2	350	290	83
3 号（0+929）	WT3	311	254	82
4 号（1+239）	WT4	248	206	83

观测及计算结果表明：由沉降曲线可以看出在施工加载期间沉降较快，曲线斜率较大，地基处理完成之后，曲线斜率变得平缓；实测围埝 4 个观测断面的累计沉降量为 206～300mm；计算工后沉降量较小，表明在现有荷载水平下堤身部位在今后使用过程中将不会产生过大的沉降变形；施工结束后经过半年的预压，堤下地基的固结度达到 80%。

2. 围埝地基分层沉降

每个观测断面布置 1 根分层沉降观测管，每根分层沉降管共设置 6 个沉降环，在堤身施工工程中，不间断地观测各沉降环的垂直变化过程。观测结果见表 6-20，典型观测断面的深层土体分层沉降曲线如图 6-15 所示。

表 6-20　各断面分层沉降量

断面位置	观测项目	S1	S2	S3	S4	S5	S6
（0+182）	累计沉降量，mm	187	154	117	62	33	16
	沉降速率，mm/15d	1.3	0.4	0.2	0.0	0.00	-0.0
（0+514）	累计沉降量，mm	238	201	179	106	68	36
	沉降速率，mm/15d	1.9	0.8	0.6	0.2	0.0	0.0
（0+929）	累计沉降量，mm	204	166	143	87	53	25
	沉降速率，mm/15d	1.5	0.6	0.4	0.2	0.0	0.0
（1+239）	累计沉降量，mm	174	156	108	47	22	11
	沉降速率，mm/15d	1.5	0.6	0.4	0.2	0.0	-0.0

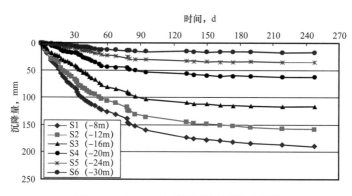

图 6-15　（0+182）断面分层沉降过程线

　　计算各个沉降环的垂直变化量，可分析不同深度土层的压缩率。图 6-16 显示为不同深度沉降环的沉降量，即该沉降环以下土层的累计压缩量；图 6-17 表示土体的压缩率与深度的关系曲线。

　　观测及计算结果表明：各断面分层沉降管中的磁环随着其埋设深度不同，不同深度土沉降也不同，随沉降环的埋深增加，沉降量逐渐减少，反映了上部土层压缩量完成较快；高程 -15m 左右土体的压缩率最大，沉降主要发生在该深度土层中；高程 -25m 以下土体的平均压缩率小于 5mm/m；随着主体施工的结束，围堰沉降已趋于稳定，沉降曲线表现为逐渐平缓。

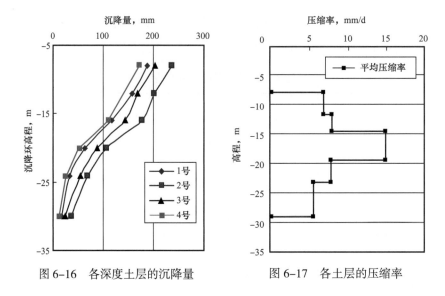

图 6-16　各深度土层的沉降量　　　　图 6-17　各土层的压缩率

3. 地基深层水平位移

围埝地基深层水平位移观测数据见表 6-21，典型断面的深层土体水平位移变化曲线如图 6-18 所示。

表 6-21　观测断面水平位移统计表

断面位置	截止监测日期	最大水平位移量 mm	对应深度 m	位移速率 mm/15d
0 + 182	2009.6.28	84	−14	0.2
0 + 514	2009.6.28	117	−17	0.6
0 + 929	2009.6.28	101	−16	0.4
1 + 239	2009.6.28	64	−16	0.2

围埝地基深层水平位移观测结果表明：监测期间深层土体水平位移的偏移方向均向岛外，施工及预压期间最大的水平位移量发生在南侧堤为 117mm；各个断面的总位移量不大，表明围埝地基在施工期间始终处于安全状态；水平位移最大值发生在地表下 −15m 左右的范围内，即在第③层黏质粉土与第⑤层粉质黏土之间，反映出该深度的土层较为软弱；在荷载作用下，深度在 −25m 以上的土层有不同程度的水平位移倾向，−25m 以下土层侧向移动很小，所以地基加荷的影响深度为 −25m 左右；在吹填施工后期加快吹填速率的同时，水平位移速率也相应增大，位移变化较大，后渐趋稳定，期间均控制在警戒值之内；随着主体施工的结束，水平位移变化量明显减小，目前平均位移速率控制在每半个月 1mm 以内，说明地基土已开始趋于稳定。

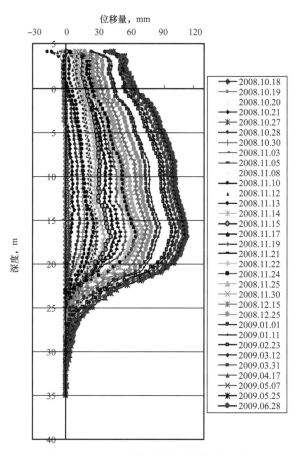

图 6-18　0+514 断面侧向水平位移曲线

4. 孔隙水压力

通过孔隙水压力监测，可以得到孔隙水压力—时间过程线，并可计算出孔隙水压力系数，判断主固结是否完成，控制现场加荷速率，防止地基失稳，确保施工安全。典型观测断面上孔隙水压力随时间的变化过程线如图 6-19 所示。

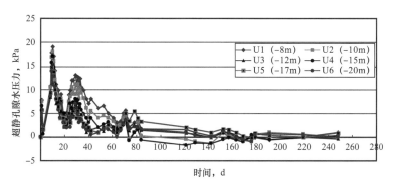

图 6-19　（0+182）断面超静孔隙水压力变化过程线

监测结果表明：各断面的超静孔隙水压力值均较小，即使在快速加载的三级棱体施工期间，其超静孔隙水压力增量也在 25kPa 以下，证明施工期间围埝地基处于安全状态；超静孔隙水压力的消长与围埝加载呈很好的规律性，施工加载期间超静孔水压力随荷载的增加而增加，停止加载后超静孔水压力明显消散，地基强度随着孔压的消散而提高；施工结束后经过半年的预压期，堤下地基中超静孔隙水压力基本上已经消散完毕，在图上表现为超静孔隙水压力观测值均在零值附近，证明主固结趋于完成。

5. 水域冲淤

根据 2008 年 5 月工前测量及 2009 年 7 月测图与 2009 年 4 月测图所绘制断面图，共绘制 80 个断面，分 20 幅绘制，每幅 4 个断面。

选取其中 8 条典型断面进行比对分析，断面图中高程基准为曹妃甸理论最低潮面，每次测量断面采用不同颜色和线型表示。绿色为 2009 年 7 月断面，蓝色为 2009 年 4 月断面，橙色为 2008 年 5 月断面。断面号详见断面图。

从 0+060 断面图、0+290 断面图、0+310 断面图、0+740 断面图、0+750 断面图、0+980 断面图、0+990 和 1+370 断面图（图 6-20 至图 6-27）分析：2009 年 4 月与 2009 年 7 月主要呈淤积状态，部分呈冲刷状态，淤积、冲刷强度大小不等。位于人工岛南北两侧的断面呈冲刷状态，尤以 1+370 断面冲刷最大，2009 年 7 月最大冲刷深度达 4.7m，与 2009 年 4 月测量基本相同。

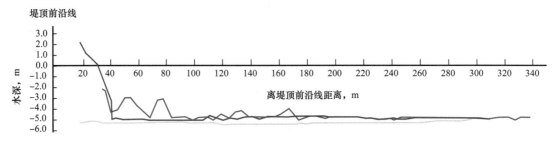

图 6-20　0+060 断面图

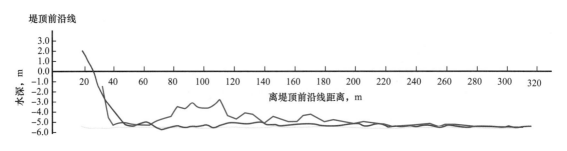

图 6-21　0+290 断面图

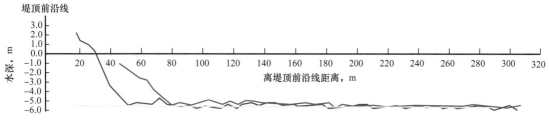

图 6-22　0+310 断面图

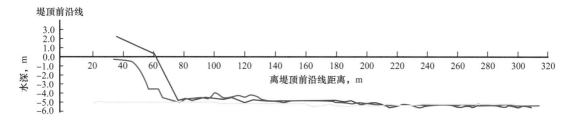

图 6-23　0+740 断面图

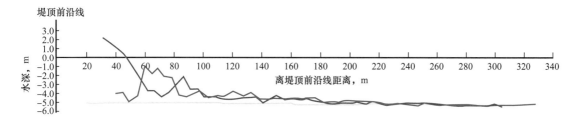

图 6-24　0+750 断面图

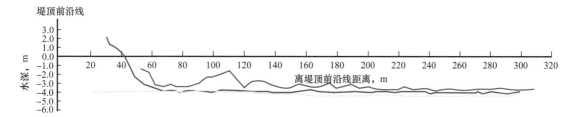

图 6-25　0+980 断面图

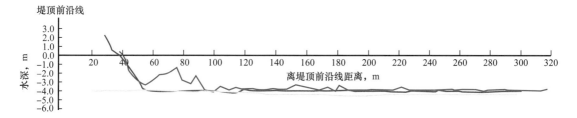

图 6-26　0+990 断面图

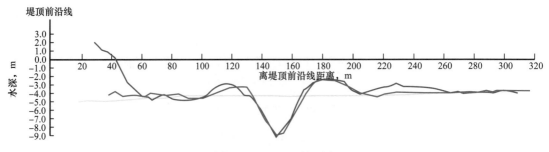

图 6-27 1+370 断面图

依据 2009 年 7 月 NP1-3D 水深测图与 2009 年 4 月水深测图对比结果，由于上次测量完以后，项目部进行了抛石护堤施工，近岛 300m 范围内滩地地形变化较大，近岛 90m 范围内由于抛石导致水深变化较大，滩地有冲有淤。冲刷区与淤积区见滩地地形变化图所示，图中红色区代表冲刷区，颜色越红冲刷强度越大；蓝色区代表淤积区，颜色越蓝淤积强度越大。为了便于区分冲刷与淤积的强度，滩地地形变化图淤积 0～0.3m，0.3～0.5m 和 0.5m 以上，冲刷分 0～0.3m 和 0.3～1.0m 以上 5 个区域绘制，如图 6-28 所示。

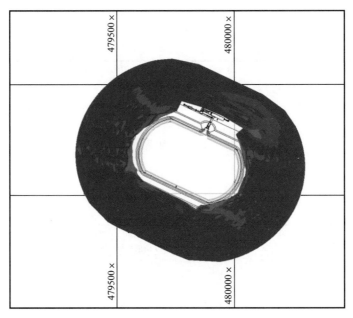

图 6-28 NP-3D 堤外滩地地形变化

滩地地形的变化是浪、潮流、悬沙量及泥沙运移引起的，滩地侵蚀区主要与涨潮底流冲刷有关。本区人工岛的建设及施工的影响改变了 NP1-3D 附近的海洋环境动力边界条件，在大的潮流场等海洋环境变化不大的情况下，NP1-3D 滩地地形处于动态不稳定调整期，各种因素综合作用的结果导致了滩地地形的变化。近岛侧 300m 范围内除抛石影响外，人工岛短边两侧主要呈淤积态势，其中堤顶前沿线向外 60m 范围内由于测至 +2.0m

标高（扭王块区域），因此反映出施工前后变化较大。60m 向外区域海底起伏高差为 0.5~1.2m，呈淤积态势；人工岛长边两侧滩地地形主要呈冲刷状态，在码头右前方（码头东南侧 100m，垂直堤向 40m，沿测线方向大概长约 40m 的区域）水深明显变深，最大深度达到 9m（与第一次测量水深基本相同），水深也同比周边其他区域水深深为 4~5m。长边南侧堤顶前沿线向外 50m 以内由于测至 +2.0m 标高（扭王块区域），因此反映出施工前后变化量较大，50m 向外直至 300m 区域呈冲刷状态，冲刷强度大小不等。

依据 2009 年 7 月 NP1-3D 附近水域（大范围）水深测图与 2008 年工前水深测图对比，由于工前测量范围只有 500m，而附近水域（大范围）测量有 1000m，所以水深比对只能依据工前范围。工前测量完成一年以来，项目部进行了各项任务施工，近岛范围内滩地地形变化较大，滩地有冲有淤，冲刷区与淤积区滩地地形变化如图 6-29 所示，图中红色区代表冲刷区，颜色越红表示冲刷强度越大；蓝色区代表淤积区，颜色越蓝表示淤积强度越大。对比结果显示：大部分范围呈淤积状态，小部分呈冲刷状态，东北角水深变化较大，最大深度达到 5.0m。

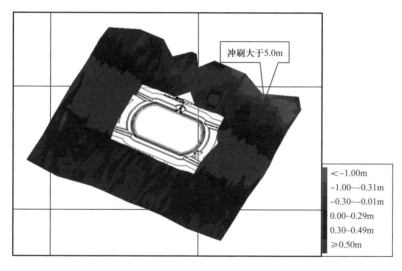

图 6-29　NP-3D 附近水域（大范围）地形变化

六、监测成果小结

（1）采用袋装砂重力式斜坡堤作围埝，吹填形成陆域的设计方案是可行的，施工期间地基中超静孔隙水压力增量、深层土体测向水平位移量均在允许的范围内，地基一直处于安全工作状态。

（2）随着主体施工的结束，沉降曲线逐渐平缓，围埝沉降已趋于稳定；围埝的总沉降量不大，在 206~300mm；施工结束后经过半年的预压期，堤下地基的固结度达到 80%；计算工后沉降量较小，表明堤身部位在今后使用过程中将不会产生过大的沉降变形。

（3）随分层沉降环埋深的增加，沉降量逐渐减少，地基的沉降主要是由高程 –25m 以上土体的压缩而产生的，–25m 以下土体的压缩率均小于 5mm/m，深层地基的土体压缩率并不高。

（4）施工期间水平位移最大值发生在地表下 –15m 上下的范围内，即在第③层黏质粉土与第⑤层粉质黏土之间，反映出该深度的土层较为软弱，在上覆荷载作用下最易发生侧向移动；–25m 以下土层侧向移动很小；最大水平位移量发生在南侧堤为 117mm，各个断面的总位移量不大，目前平均位移速率控制在每半个月 1mm 以内，说明围埝地基已开始趋于稳定状态。

（5）超静孔隙水压力的消长与围埝加载呈很好的规律性，各断面的超静孔隙水压力值均较小，即使在快速加载的三级棱体施工期间，其超静孔隙水压力增量也在 25kPa 以下，证明施工期间围埝地基处于安全状态，目前堤下地基中超静孔隙水压力基本上已经消散完毕，地基强度随着孔压的消散而提高。

（6）近岛侧 300m 范围内海底地形变化较大，海底有冲有淤，人工岛短边两侧主要呈淤积态势，长边两侧海底地形主要呈冲刷状态。人工岛的建设及施工的影响改变了岛附近的海洋环境动力边界条件，在大的潮流场等海洋环境变化不大的情况下，岛区海底地形处于动态不稳定调整期，各种因素综合作用的结果导致了海底地形的变化。

（7）由于在建的人工岛在国内已建人工岛中有水深大、吹填高度高的特点，为进一步了解和掌握人工岛自身稳定及在抵御外界自然灾害过程中的能力，建议建立起较为长期的工后安全监测工作，以获得相对完整的监测数据，为其他类似工程起到相应的指导借鉴作用。

七、 监测对工程建设的指导作用

施工期安全监测，可及时发现异常变化，对人工岛的稳定性、安全性做出判断，以便采取针对性处理措施，防止事故的发生，其主要目的在于保障工程安全，积累监测的资料，更好地解释变形的机理，验证变形的假说，为检验工程设计的理论是否正确，设计是否合理，为以后优化设计、制定设计规范及指导施工提供依据。通过 NP1–3D 施工期安全监测，安全监测有以下具体指导作用：

（1）施工速率控制参数。施工期安全监测日报表列出来围埝水平位移、沉降、孔隙水压力日变化值，为设计、施工、监理及建设管理部门提供了施工加载速率决策依据。根据对应的预警指标，后续施工选择相应的施工速率，确保施工安全。通过周报表监测数据及分析成果，现场动态调整加载速率，优化不同施工阶段的预警指标。

（2）现场及时预警。NP1–3D 在龙口合拢及岛体地基处理阶段，均出现沉降及水平位移变化速率接近预警值现象，现场通过监测及时反馈监测数据，现场确认后进行了临时停工，控制施工速率，避免了施工风险。

（3）施工加载速率优化。由于NP1-3D施工环境复杂，现场施工必须选择合适的季节，优化施工加载速率。现场监测中，根据理论及工程经验，结合监测数据，对现场施工速率进行了优化，提出了水下加快施工速率，日变化值控制为设计指标的2倍；围堰出水后，逐渐控制加载速率，但不超过设计指标；接近设计高程时，严格控制加载速率，日变化值不超过设计指标的2/3，既加快了施工速率，也降低了后期施工的风险。

（4）监测成果的预测。监测报告除了总结施工期的监测成果，还对人工岛运行阶段的工后沉降进行了计算和预测，为人工岛的运行管理和上部结构构筑物的使用提供了基础数据。

（5）为相关评价提供依据。人工岛的建设及施工的影响改变了其附近的海洋环境动力边界条件，NP1-3D施工期近岛300m范围内水深变化较大，大部分范围呈淤积状态，小部分呈冲刷状态，东北角出现了深度达5.0m的深坑，严重影响护坡结构的安全。经监测数据综合分析，确定为临时取砂导致，后期现场加强了现场管理，保障了人工岛护坡结构和海底管线的安全运行。

第七章
人工岛弃置

由于海上油气田具有一定的生命周期，因此作为滩浅海开发主要模式的人工岛只有有限的使用寿命。在开发周期和使用寿命结束后，在复杂海洋环境的作用下，没有经过废弃处理的人工岛及其附属结构在海水侵蚀、波流冲刷和海冰的作用下，将逐渐腐蚀、坍塌和破坏，岛上生产设施内部残留的石油、天然气、废水和有害固体废弃物等将被释放出来，扩散到海水、大气和海底土壤中，可能造成严重的生态灾难甚至人身危害问题。而残存在水下的生产设施构筑物，由于隐蔽性强和难以防范的特点，对海上交通和渔业生产活动造成潜在的威胁和安全隐患。因此，只有通过海上弃置工程，处理废弃人工岛设施中潜在的污染物和危险源，清理水下的残留设施，才能满足国家法律法规中关于海洋开发利用的"防止污染损害、保护生态平衡，保障人体健康，促进海洋事业发展"要求，达到可持续开发利用海洋资源的目的。

第一节　法律法规要求

在海洋油气开发过程中，为保证对海洋环境的保护，减少对生态的破坏和影响，国内外法律法规对海上构筑物的弃置处理做了相关要求，人工岛作为重要的海洋油气开发设施也必须遵守相关规定。

一、国外法律法规

1. 相关国际和地区公约

1）1958 年《大陆架公约》

《大陆架公约》是世界上第一个涉及海上设施拆除（Removal）的国际性公约，在该公约的第 5 款，要求"大陆架上任意放弃或不再使用的设施均需全部拆除"。该条款对海上设施的弃置要求为全部拆除，且为最低要求。

2）1972年《海洋倾废公约》

《海洋倾废公约》对于海上船只及其他结构物的处理也当作倾废处理，例如把平台当作人工岛礁、平台部分拆除后剩余残迹都属于倾废的范畴。在1996年伦敦倾废公约成员国会议上明确海上倾废包含海上平台和结构物的弃置与原地推倒处理。

3）1982年《联合国海洋法公约》

《联合国海洋法公约》的第60款第3条对于海上设施的弃置，尤其是拆除专门做出了规定：专有经济区内海上任意设施或结构物，在放弃或结束使用后，均应根据该区域内被广泛接受的国际法规要求作拆除处理，以确保海上通航安全。这些设施或结构的拆除，应考虑其对渔业的影响、对海洋环境的保护以及第三方用海的权利，并应告知公众非全部拆除结构物所在的水深、位置及保留物尺寸参数。国际海洋法公约的第80款指出第60款有关海上设施拆除的规定也适用于大陆架上人工岛、设施和结构物的废弃处置。相比于《大陆架公约》公约中对海上设施与结构物"全部拆除"的要求，《国际海洋法公约》中虽然也是要求所有设施均作拆除处理，但并未明确或强调一定要"全部"，这为缔约国在弃置方式的选用上留下了灵活处理的空间。

4）国际海事组织相关规范

1989年，国际海事组织（IMO）制定了大陆架及专属经济区内工程设施与结构拆除的指南及标准规范。根据此标准，除原地弃置及部分拆除外，成员国需拆除其大陆架及专属经济区内所有不再使用的生产设施与海工结构。IMO规范对海上设施及结构弃置仅提出了最低要求，各成员国可以根据本国法规，提高设施和结构弃置的要求。

2. 相关国家法律法规

为了规范海上油气生产设施的弃置，各海洋石油生产国也制定了相关的法律法规。

1）英国

英国能源与气候变化部在2006年编制了《基于1998年英国石油法案的海上油气设施及海底管线弃置指导意见》，对海上油气生产设施的弃置明确了弃置规划、弃置程序和废弃物的清理、储存及处理的各项要求。该法案规范了英国海洋油气生产设施的弃置工作。

2）美国

2010年，美国内政部（DOI）安全与环境执法局（BSEE）颁布了《承租人通告2010-G05》，该规定要求墨西哥湾及美国周边海域，5年内未使用的海洋平台、油气井等生产设施必须在2010年10月15日之后的5年内拆除。

3）亚太地区其他国家

亚太地区据估计海上平台的数量约为1000座，其中超过一半的平台已接近或超过了最初设计的使用年限。近年来，该地区的有关国家正在逐步建立有关海上油气生产设施弃置方面的法律法规。政府和公司之间的最初的合同关系没有充分考虑到设施弃置的问题，一些早期的生产合作协议上做出了"外国作业者进口设备均属于宗主国"的决定。而且，这种早期合作体制建立时，许多国家本身并没有适用于海上油气生产设施弃置的法律法规。但随着油气业务的发展，许多国家已经遇到或即将面临部分油气生产设施的废弃处置问题，但原来制定的未考虑设施弃置的合作协议仍然存在并在使用过程中，这种现象将导致设施弃置的编制要求和费用筹措问题，不恰当的弃置方式可能会造成潜在的安全与环保隐患。在较早拥有石油天然气生产特许权的国家中，上述现象在很多情况下导致了海上油气生产设施弃置专项资金不足或无的现象越来越多，同时也使税收体制受到影响。因此，有的国家把本应拆除的设备封存起来，或在生产系统中毫无价值、无效率地继续使用，由于维护不充分，随着这些平台的状况逐渐恶化，拆除的成本很可能会逐渐增加。近年来，许多国家通过对现有法规制定修正方案或编制暂行规定的方法规范今后海上生产设施的弃置处理，新的管理体制已明确"弃置过程"将成为海上油气生产设施生命周期的一部分。

综上所述，随着世界范围内海洋油气开发活动的不断深入，世界范围内对于安全用海、保护海洋环境、有效保护地层油气资源已经形成了广泛的共识。而海上油气生产设施弃置工程带来的资源保护、安全用海及环境问题也早已提上规范化的日程，并在国际公约、各国法律法规、规范文件中得到了逐步体现。

二、国内相关法律法规

中国是 1958 年及 1982 年国际海洋法公约的缔约国，是 1989 年国际海事组织指南和伦敦倾废公约的签署国。在过去的 20 年间，中国已开始逐渐遇到海上人工岛废弃处置问题（如中国石油张巨河人工岛弃置），并按照国际法处理海上结构物的拆除问题。弃置拆除过程中必须优先考虑的中国法律法规如下：

《海洋石油安全管理细则》（安监总局令第 25 号，2009）；

《海洋石油安全生产规定》（安监总局令第 4 号，2006）；

《海洋石油平台弃置管理暂行办法》（国家海洋局，2002）；

《国家海洋局关于加强海上人工岛建设用海管理的意见》（2007）；

《中华人民共和国海洋倾废管理条例》（国务院，1985）；

《中华人民共和国海洋倾废管理条例实施办法》（国家海洋局，1990）；

《中华人民共和国环境保护法》（2014）；

《中华人民共和国海洋环境保护法》（2016）；

《中华人民共和国渔业法》（2004）；

《中华人民共和国防止拆船污染环境管理条例》（2016）；

《中华人民共和国固体废物污染环境防治法》（2016）；

《中华人民共和国防治船舶污染海域管理条例》（2010）；

《建设项目环境保护管理条例》（1998）；

《海上油气生产设施废弃处置管理暂行规定》（发改能源〔2010〕1305号）；

《国务院关于加强环境保护若干问题的决定》（国发〔1996〕31号）；

《中华人民共和国海洋石油勘探开发环境保护管理条例》（国务院，1983）；

《中华人民共和国船舶及其有关作业活动污染海洋环境防治管理规定》（交通部，2011）；

《中华人民共和国防治海岸工程建设项目污染损害海洋环境管理条例》（国务院，2008）。

根据《中华人民共和国海洋环境保护法》规定，所有石油公司作业前都必须上报环境影响报告。此外，必须配备必要设备和设施以保证不对海洋环境造成危害。最近的生产分成合同要求国外的合同方也要提交报废和拆除方案及其资金筹措方法。

2010年6月23日，国家发展和改革委员会、国家能源管理局、财政部、国家税收管理局和国家海洋管理局（发文机关）联合制定了《海上油气生产设施废弃处置管理暂行规定》（弃置管理规定）。该弃置管理规定由发文机关以通知的形式发布给中国三大油气公司：中国石油天然气集团公司（CNPC）、中国石油化工集团公司（Sinopec）和中国海洋石油总公司（CNOOC），以及发文机关的各分支机构，以"加强海上油气设施报废的管理"。

弃置管理规定主要关注中国与国外投资的石油合同中海上油气生产设施的报废问题，也为国内独资的海上油气生产过程起指导作用。这是中国政府首次引入全面的弃置管理规定，其最重要的影响就是要求海上油田的所有投资者，包括三大石油公司和国外承包商，都必须将报废处理的成本按月存入一家中国国内的银行。弃置管理规定实行以后，对于进行商业生产的油田，报废成本从投产后那个月立即开始累积。对于弃置管理规定实行之前已经投产的油田，报废成本从相关权威机构对初期项目归档后的那个月开始累积。尽管目前看来废弃处置需承担的债务可能会下调，但弃置管理规定仍然要求，经营者一旦从单元生产法和直线法两种累积报废成本的方法中选定一种后，就可以不再变更。

这些法规中未提及实际的报废责任。尽管弃置管理规定开始实行时所有生产设施都已属于三大石油公司，弃置管理规定仍要求经营者对进行报废处置负有责任。因此，当经营者为国外的公司时，情况就会变得比较复杂。弃置管理规定首次在中国建立了一套新的报废体制。随着经验的积累，该法规无疑会不断更新，同时拆除的责任公司也会面临新的挑战。

此外，为了规范弃置过程中的各项操作，石油行业还制定了各项标准用以约束弃置工程的实施。

GB/T 17745—2011《石油天然气工业 套管和油管的维护与使用》；

GB 16993—1997《防止船舶货舱及封闭舱缺氧危险作业安全规程》；

GB/T 12474—2008《空气中可燃气体爆炸极限测定方法》；

GB 3552—2018《船舶水污染物排放控制标准》；

GB 8978—1996《污水综合排放标准》；

GB 18188.1—2000《溢油分散剂 技术条件》；

GB 18188.2—2000《溢油分散剂 使用准则》；

GB/T 6067.1—2010《起重机械安全规程 第 1 部分：总则》；

GB 4914—2008《海洋石油勘探开发污染物排放浓度限值》；

GD 09—2016《海上固定设施及海管海缆弃置发证检验指南》；

GB 50493—2009《石油化工可燃气体和有毒气体检测报警设计规范》；

GBZ 2.1—2007《工作场所有害因素职业接触限值 第 1 部分：化学有害因素》；

SY 6983—2014《海上石油生产设施弃置安全规程》；

SY/T 6845—2011《海洋弃井作业规范》；

SY/T 6564—2011《海上石油作业系物安全规程》；

SY/T 4089—1995《滩海石油工程电气技术规范》；

SY/T 4090—1995《滩海石油工程发电设施技术规范》；

SY/T 10003—2016《海上平台起重机规范》；

SY/T 6634—2012《滩海陆岸石油作业安全规程》；

SY/T 6276—2014《石油天然气工业 健康、安全与环境管理体系》；

Q/SY 1560—2012《浅滩海永久性弃井操作技术规程》；

Q/SY1241—2009《动火作业安全管理规范》；

Q/SY1243—2009《管线打开安全管理规范》；

Q/SY 1733—2014《海上油气生产设施弃置预备方案编制规范》；

JT 154—1994《油船洗舱作业安全技术要求》；

HG/T 2387—2007《工业设备化学清洗质量标准》；

GB 20148—2010《高压水射流清洗作业安全规范》；

JB/T 4323.1—1999《水基金属清洗剂》；

JB/T 4323.2—1999《水基金属清洗剂 试验方法》；

SH/T 3104—2013《石油化工仪表安装设计规范》。

目前，国外在人工岛弃置方面的法规已经比较成熟，尤其是美国、英国和挪威等海洋石油强国，从弃置处理前的方案制订到处理后的总体评价等都有法律的规定和约束。我国尚没有专门针对人工岛弃置法律法规，可参考的现有海上设施弃置规定制定比较宽泛且没有针对性，随着当前人工岛的日益增多，由此凸显的法律匮乏问题也会越来越受到重视，因此建议相关主管部门或法律法规制定部门借鉴国外的成熟经验，建立整体性的法律制度，以期推动和确保在海上油气开发过程中人工岛弃置的顺利开展。[1]

国家和企业对人工岛的弃置十分重视，开展了深入的研究，取得了一定的成果。国外相关工作开展早，国内也逐步完善。

第二节　人工岛弃置处理

废弃人工岛弃置处理是一项涉及众多技术领域的系统工程，为保证人工岛弃置的顺利实施，需要在前期做好人工岛的弃置准备工作，处理好人工岛上部建设的井口设备、管线和压力容器等生产设施，完成上述工作后，开展人工岛主要岛体结构的弃置处理。我国自20世纪60年代开始在渤海开采油田，并陆续建成了用于海洋油气开发的人工岛，随着资源的减少，部分开发年限较长人工岛已不满足继续生产条件，需要采取合理的措施进行处置。由于我国人工岛弃置处理方面尚不完善，建立退役人工岛的弃置处理体系是非常有必要的。[2]

一、人工岛弃置主要程序

对于需要弃置处理的油气开发人工岛，需要依次进行弃置准备和人工岛岛体结构弃置，详细流程如图 7-1 所示。

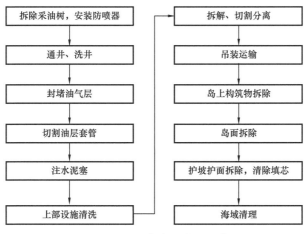

图 7-1　人工岛弃置主要程序

1. 弃置准备

主要是对上部井口和管线、容器等等生产设备弃置处理。井口弃置。油气井弃置包括堵塞井口和切割管线。井口堵塞和废弃主要采用钻探设备和无钻探设备两种方法，使用水泥塞堵塞一定长度的套管和敞开的孔眼，以防止气体或流体的垂向移动，达到生产井弃置处理的目的。上部生产设施的弃置主要是对设备拆除。从保护海洋环境的角度出发，上部设备拆除准备包括净化和冲刷所有的容器，以便收集和运送需要废弃的剩余烃类物；切断设备模块与所有管线间的松散连结；清洗和冲刷管线；安装附属构件以配合后期的装卸提升工作。拆除后的设备可根据弃置方案选择原地利旧、异地利旧、原地弃置、拆解回收利用。

2. 人工岛岛体结构弃置

人工岛使用期结束后要进行弃置处理，一般分为原地弃置、转为他用和全部拆除，对于全部拆除的人工岛需要钢结构回收上岸处理、混凝土块体全部拆除、含油污泥回收做无害处理，人工岛聚丙烯材料的编织袋部分拆除上岸，砂石填芯原地滞留，由严酷的自然环境逐渐侵蚀。

综上所述，人工岛弃置是一个复杂的系统工程，包括弃置准备和岛体结构弃置两个环节涵盖井口弃置、上部设置弃置、岛体结构处置等多项内容，本书将在后续内容中对人工岛弃置要求和弃置方式进行详细介绍。

二、人工岛弃置准备

人工岛弃置前需对人工岛上部生产井、生产管道和上部容器设备进行预处理，保证在岛体的拆除或处理过程中，上部设备不会对周边的海洋环境和弃置施工产生影响。

1. 井口弃置

封井作业是海上退役石油平台弃置的一项关键技术环节。如果废弃油井未能进行有效封堵，一旦油层压力发生变化就可能导致原油泄漏，污染海洋环境；另外，油井在海床上的废弃井口设施还会威胁航行安全。因此，各国都对海上弃井作业制定了相关法律法规和技术标准加以规范和监管。例如，英国《能源法案2008（the Energy Act 2008）》、英国能源气候变化部《海洋设施及管道退役的指导原则（Guidance Notes–Decommissioning of Offshore Oil and Gas Installations and Pipelines）》、美国《外大陆架法案（43 U.S.Code Subchapter Ⅲ–Outer Continental Shelf Lands Act）》及中国的《海洋石油弃井作业管理规则》（原国家安监总局海油安办规章）和《海洋石油弃井规范》（中海油 Q/HS 2025—2010）等都对海上弃井作业做了相关规定。由于封井作业不但对技术和设备有很高要求，还涉及高额的成本支出和巨大的环境风险，国内外许多学者对封井技术进行了深入研究。[3]

油气井的永久封存技术一般为：（1）放压至油套管压力为零；（2）采用清水＋洗油剂循环反洗井至进出口液性一致；（3）拆采油树、安装防喷器组，起原井生产管柱；（4）通井、洗井；（5）挤注封堵油气层；（6）射孔／补固井；（7）建立循环通道，挤注超细水泥，使油层套管外水泥返高至技术套管内；（8）打水泥隔板，拆卸防喷器；（9）切割油层套管；（10）注水泥塞。保证油气井弃置满足《海洋石油安全管理细则》（安监总局令第25号）、SY/T 6845—2011《海洋弃井作业规范》和 AQ 2012—2007《石油天然气安全规程》等相关法律规范的要求。

2. 人工岛上部工艺设备弃置

1）人工岛上部工艺设备弃置方式

人工岛上部生产设施各种专用功能系统包括：钻修井系统、采油系统（含人工举升系统）、注入系统、油气加工处理系统、油气集输系统及储存设施、火炬系统、污水处理系统、公用系统、生活设施、救逃生设施、直升机甲板及附属设施等。上部设施各系统和设备中，含有遗留下的油井产物（往往是油、气、水混合物），钻（修）井液，生产污水、污油和生活污水，燃料油或气，化学制剂，淡水，重金属等各种残余物、污染物，有毒有害固、液、气废弃物等。在上部生产设施弃置前，一般根据弃置方式、弃置产物去向等，需要对上部设施中的残余、污染或毒害物质进行排空、收集、清洗、吹扫、回收、注入等方式的处理，处理的目的如下：（1）防止造成环境污染；（2）防止造成施工事故；（3）避免造成人员人身伤害；（4）减小上部组块不必要的重量；（5）部分设备利旧的需要；（6）部分材料回收利用的需要。人工岛上部设施中常规清理废料名称、常见利旧设备及可回收利用的材料类型见表 7-1。

人工岛上部设施的弃置方式及实施方法见表 7-2。

上部设施无论是利旧使用，还是改为他用及其他弃置方式，均会涉及上部设施的拆除工程，包括全部拆除和部分拆除。拆除时一般需要遵循一定的流程，而且根据拆除方法，可能需要对上部设施或组块进行改造后拆除，一方面是为了工程上实施的方便，另一方面是为了工程上安全和环保的需要。总体来说，上部设施的拆除方法包括：拆解法拆除、反安装法拆除、整体吊装法拆除等，所有的拆除工程均要在人工岛上部设施完成清理工作之后实施。上部设施拆除时的改造，包括设施的固定、整合绑扎、拆解、切割分离、安装辅助组件等，必要时还要对各种设施分类、编号登记等。安装辅助组件通常是为了使拆除物方便吊装或装船固定，或使结构受力更合理。

表 7-1　人工岛上部设施废料清理、设备利旧及材料回收常见内容

序号	主要内容		主要系统及设备	主要处理	说明
1	废弃物清理	淡水 / 海水	给排水系统、管汇、罐、锅炉	按要求在海上排放	
2		含油污水	污水处理系统、罐、管汇	收集上岸	
3		天然气	管汇	排空 / 置换	
4		燃料	发电机组	收集上岸	
5		生活垃圾	生活模块	回注 / 收集 / 排放	达到排放标准
6		润滑油	泵、原动机	收集上岸	
7		化学药剂	注水系统、污水处理系统、实验室	收集上岸	专用设备
8		有毒废弃物	石棉等	特殊处理	
9		重金属	汞等	收集上岸回收处理	
10	回收利用	机器设备	罐、泵及压缩机等	利旧	
11		单元模块	发电机组等	利旧	
12		材料	管材等	材料循环利用	

表 7-2　人工岛上部设施弃置方式及实施方法

序号	弃置方式	用途及实施办法	主要内容	说明
1	原地弃置	达到弃置条件后，遗留在原地，不做任何必要维护	理论上仅部分设施允许	
2	原地利旧	用于新能源开发	一般应根据 API RP 2A 要求进行必要校核	
		渔场用途		
		监狱		
		军事用途		
		航海灯塔		
		通信用途		
		CO_2 封存及气体储存		

续表

序号	弃置方式	用途及实施办法	主要内容	说明
3	异地利旧	用于常规油气开发 新能源开发	如上部组块用于其他用途	模块利旧 常见
4	拆除后回收利用	拆除上岸，回收材料	拆除上岸后，在岸上拆解，并把材料分类回收	常用
5	人工岛礁	做必要清理后，运至深水沉至水下，所为海洋生物栖息地	清理环保达标后，沉入一定水深海底	
6	深水倾废	对于回收价值不大，根据法律又能满足海上倾倒要求的	对于部分设施处理后采用深海倾废	
7	等待新技术	采用目前常用弃置方式代价太大或存在技术难题		不常用

人工岛上部设施的弃置与平台上部设施弃置类似，设施的拆除、装船（车）、运输、上岸及处理，要考虑人工岛有码头、进海路的有利条件，充分考虑部分拆除工程采用陆上的施工工艺和装备，以节省工程投资费用，提高安全系数。总之，平台和人工岛上部设施的拆除工程主要内容如图 7-2 所示。

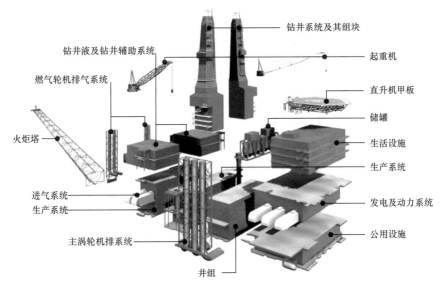

图 7-2　人工岛上部设施拆除工程主要内容

2）人工岛上部生产设施弃置实施流程

人工岛上部生产设施弃置应按如图 7-3 所示流程实施，首先应准备好所要弃置的设施及材料详细清单，然后对设备进行冲洗处理清除残余、污染或毒害物质。上部设施根据其弃置方式及弃置产物去向，在清理后应做好拆除前的准备工作，做好分类、绑扎、固定。对上部设施或组块进行拆解装船运输，按弃置方式进行后续利旧使用或报废处理。

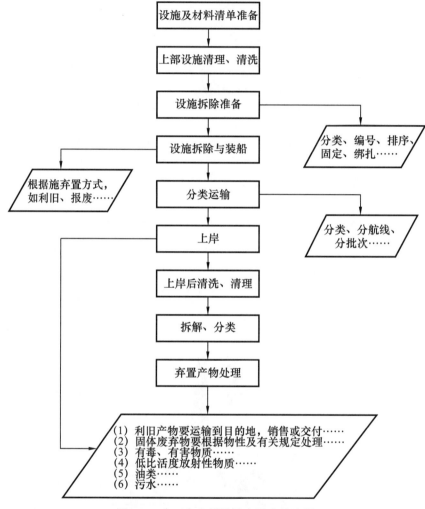

图 7-3　人工岛上部设施弃置实施流程

三、人工岛岛体结构弃置

1. 人工岛岛体弃置方式

人工岛是人类为利用海洋资源和空间，在海岸附近、滩浅海或复杂环境条件海域（如北极地区）建造的高出海平面的，具有稳定的结构、一定形状和使用面积，可以代替陆地并为工程、生活或生产服务的基础结构形式，在海洋油气开发中，人工岛是最为常见的结构形式。

美国和加拿大等国家在 20 世纪 60—70 年代为了大规模石油开发，建造了大量砂石、砂袋围堤式人工岛用于石油钻探开发，如 Mukluk 岛、Belmont 岛以及 Pelly 岛、Rincon 岛、Miike Colliery 岛组等，这些岛主要位于高纬度海域，冬季有严重的海冰灾害。岛体建筑材料包括砂石、编织袋、钢结构、混凝土等。大部分人工岛在使用期结束后进行了拆除弃置，钢结构回收上岸处理、混凝土块体全部拆除、含油污泥回收做无害处理，聚丙乙烯材料的编织袋部分拆除上岸，砂石填芯原地滞留，由严酷的自然环境逐渐侵蚀。因此，对于废弃的人工岛，如果自然环境严酷的话，人工岛不存在利旧的可能性，人工岛留在原地维护费用高昂，对岛上可能对环境造成污染和潜在安全威胁的材料全部拆除，而原本取自临近海域的砂石则留在原地。图 7-4 所示为用于海上油气生产作业的人工岛图片。

(a) Belmont人工岛

(b) 葵花岛人工岛

(c) 海南3人工岛

(d) Thums人工岛

图 7-4　用于海上油气生产作业的人工岛

Thums 人工岛由 4 座人工岛组成，位于美国加利福尼亚洛杉矶市的 Long Beach 区的近海岸，属于美国第三大的威明顿油田。这 4 座人工岛始建于 1965 年，由于离岸较近，出于环境保护的需要，岛的建设采用了许多先进技术和艺术设计理念，使得这些岛屿从外面看上去好像浑然天成，景色宜人，而看不到石油生产的任何印迹。目前，Thums 岛已经成为该著名风景区的重要组成部分。由于威明顿油田预计在未来几年内将终止开发生产，Thums 公司的管理者表示，在生产结束后，这 4 座岛屿将成为城市的一部分，即永久保留。可以看出，对于靠近生活区、风景区、人类活动稠密且岛体周围已经形成相对稳定生态环境的海域的人工岛，且本身存在巨大利用价值，可以采用原地保留并利旧的处理方式。

总之，人工岛岛体结构的弃置方式，受到国家、地区政府和主管部门法律、法规在用海方面规定的影响，与当地区域发展规划、油气田发展中长期规划等有关，但通常来说，用于海上油气生产的人工岛的弃置方式包括表 7-3 所列几种形式。

表 7-3　人工岛常见弃置方式

序号	弃置方式	说明
1	原地弃置	对于地方政府或油气田有潜在利用价值，便于维护且不对周围海域的生态与航行产生影响的人工岛，一般采用原地弃置
2	转为他用	需根据需求方要求，开展相关设备设施的改造使用，用作其他用途
3	全部拆除	通常在极为特殊情况下进行整体结构的全部拆除

对于原地弃置和转为他用的人工岛，按照相关要求进行井口弃置和上部设施弃置后，仅需对岛体进行简单处理，程序相对较为简单。对于全部拆除的人工岛，程序复杂，工程量大，涉及的内容较多，因此本书侧重于介绍人工岛岛体拆除弃置。

2. 人工岛岛体拆除弃置流程

由于人工岛结构形式和功能特点多种多样，所以其拆除弃置没有固定的模式或套路，应该根据具体情况具体分析，但通常情况下，一般意义上的人工岛拆除弃置实施流程示例如图 7-5 所示。

3. 人工岛弃置工艺与装备

人工岛的结构形式虽然多样，但岛的建造和施工方法主要有两种，即先抛填后护岸和先围海后填筑两种施工建造方法。滩浅海所建造人工岛的施工方法一般是为先抛填后护岸方法，通过挖泥船及挖沙管道从临近海域吸取砂石后在海中吹填或构筑人工岛的岛身，随后进行岛堤造型及防护建设。离岸人工岛或复杂环境条件下的人工岛的施工形式几乎全部为先护岸后建造，涉及的工程内容主要有：打桩、地基处理（铺排）、混凝土灌注、抛石、防护、吹填以及岛面建设。而在岛体拆除的过程中，同样要面对原先建造的钢结构、混凝土梁、桩结构、砂石等工程量的拆除。因此，对于全部或部分拆除的人工岛，实现的方法一般包括如下方式：反安装、干式工程、湿式工程、海域清理等。

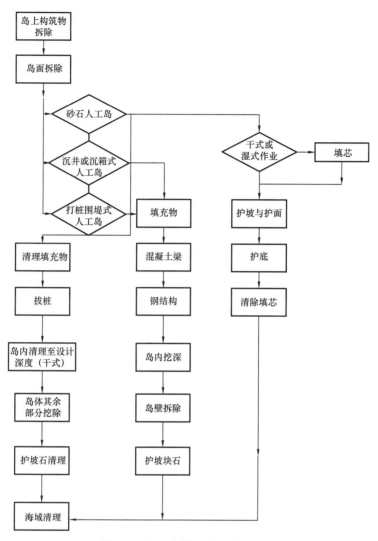

图 7-5 人工岛拆除弃置实施流程

所谓反安装法，即建造的逆过程，对人工岛各结构的组成部分按照其建造的逆顺序依次拆除，选用相近或类似的施工器具，并用类似的方法计算工程量。但在实际操作过程中，砂石、钢结构等的拆除使用反安装的方法可能比较容易实现，但对于混凝土工程的拆除工作，其实算不上甚至没有所谓的反安装法，需要采用常规的拆除方法。所谓干式工程，是指施工的过程全部在水面上实现、施工装备和器具选用陆地上常用设备，且施工过程中完全或基本可以按照陆上施工程序和步骤完成施工任务，人员可以在干式的环境下操作工程机械和器具。所谓湿式工程，是指施工装备动用海上施工装备、设备涉及水下或水中作业，拆除或打捞的工程设备、材料部分或全部位于水中。

由于用于海上油气开发生产的人工岛，一般情况下不但用于油气生产，还用于钻井、集输、储油、油气处理等，具有较大的面积，无论是对于砂石人工岛，还是围堤式人工岛

（图 7-6），都可能存在一个足够大的区域，这个区域与外面海水隔开，与海水之间的隔阻物是一定厚度的砂石与护坡，或者是具有一定强度和刚度的钢结构护堤，在这个区域内的全部施工均采用陆上施工装备，这些装备或通过浮吊运抵，或通过人工岛进海路直接到达。且这个干式工程的实施顺序在湿式工程之前，并需要确保外围防护层的安全，或直接限定干式工程完成的工程量规模，危险的工程内容通过湿式工程来实现。

图 7-6　围堤式人工岛内部混凝土框架结构（张巨河人工岛）

　　把人工岛的弃置工程分为反安装、干式工程、湿式工程及其他方式，即可以确保工程的实施顺序以保证安全，又能加快工程进度并降低工程费用。但各实施方法并不是孤立的，对于不同的弃置工程，推荐弃置方式的实施方法可以包含多个内容，要通过优化来实现。

　　部分人工岛的拆除工程内容与导管架平台的拆除有较大的区别，例如，对于导管架其深入泥面以下的只有 1～8 条钢质桩腿，直径一般在 5m 以内，深入泥面以下 100～300m，但在弃置的过程中一般并不要求所有的桩腿结构全部拆除出泥面，只要求泥面 3m 以上。但对于外围钢质沉井防护的人工岛来说，不但防护钢板是两层、中间有水泥灌浆、沉井直径较大（通常几十米以上），且在泥面以下 3m 的比例相当高，如果全部按照导管架拆除的常规方法，工程量的确是巨大的。

　　除此之外，滩海、浅海的环境条件比较复杂，例如辽东湾海域最大潮差可以达到 5m 以上，冬季有 4 个月的结冰期，春秋多风暴潮，严酷的自然环境限制了许多工艺方案的使用。此外，滩浅海的工程地质条件比较复杂，例如多淤泥质土壤，波流冲刷比较严重。沉井、桩等的开挖工程容易受到波流等的影响。

　　（1）砂石。

　　砂石是大部分人工岛的主要组成部分，砂石的挖除包括干式作业和湿式作业，干式作业施工装备见表 7-4。

　　涉及砂石挖掘的弃置工程，砂石根据用途主要有如下去向：① 填海；② 新人工岛建设；③ 安全隐患治理；④ 倾废；⑤ 港口或防波堤建设工程。砂石的运输方法主要通过自卸驳船运输。

对砂石的采挖也可以采用绞吸式挖泥船，对于细沙还可以采用抽吸的方式，如图7-7所示。

表7-4　人工岛砂石挖除干式作业施工装备

序号	施工装备	说明
1	挖掘机	可用于土石方挖掘与装卸等
2	转载机	适用于干质碎土石的装卸
3	铲运机	适用于干式作业土石方的装载
4	履带运输机	短距、大坡角、大型设备使用不便环境下的碎土石方装载
5	抓斗机	适用于水下挖掘、工作效率高
6	吸沙	适用于含水砂质土壤的高效
7	爆破	适用于各种条件下的拆除，效率高

（2）混凝土。

人工岛上混凝土的使用主要分为岛面建设和岛体建设，岛面建设包括岛体护面块石、防浪墙、岛体护底等。岛体建设用到的混凝土主要用于沉井灌注、岛面支承立柱、承重墙、支承梁等结构。混凝土的拆除工作与其结构所处的位置、尺寸、形状、质量等有关。主要的拆除方式包括：爆破、切割、拔拉、机械破碎等各种方法。混凝土拆除物的拆除和运输可视拆除物大小、重量分类拆运。对于岛面混凝土块体的拆除可以采用湿式的挖掘机械装船运输，用于回收利用、填埋或倾废（图7-8）。

图7-7　抽吸式排沙

图7-8　抓斗船用来清除护坡块石或混凝土块体

（3）钢结构。

人工岛的钢结构主要包括三类，分别是外围沉井、沉箱或护壁；岛体内部框架或支承结构；人工岛靠船平台等外围附属结构。人工岛的外围附属结构可参考导管架钢结构的拆除方式移除，对于沉井或沉箱式岛外围防护钢结构，常用的拆除方式见表7-5。

表7-5 人工岛钢结构拆除常用方式

序号	拆除方式	说明
1	爆破	爆破方法效率高，但存在风险，且需相关部门许可
2	先清淤再切割拆解	与淤积土体类型有关，受钢结构类型影响
3	清淤、大型浮吊	取决于浮吊的起重能力和经济可行性
4	特殊工艺	需专门设计

拆除掉的钢结构还可能固连着混凝土块体，若没有牺牲阳极的保护，在海水的作用下腐蚀比较快，一般需要回收上岸处理。

（4）桩及承台。

对混凝土桩结构，可以采用金刚石线锯切割，大块吊装，然后用风镐工程车清理残迹的方法，最后用挖泥浮吊船进行清淤。木桩可直接用拔桩机拔除。

对于预制承台可直接采用吊装拆除，对于灌注承台可使用锯切割后依次拆除。

4. 人工岛弃置方案的优化问题

人工岛弃置过程中需要考虑到的优化内容应包括：

（1）干式作业、湿式作业。在足够大的人工岛上，区分干式作业区和湿式作业区，可以降低作业风险、提供施工速度、降低工程投资费用。

（2）优化施工顺序。

（3）废物利旧。人工岛拆除物可以利旧的内容包括：砂石、人工岛混凝土块体、混凝土桩和梁等。利旧用途包括护面建造、安全隐患治理、填海等。

（4）合理利用环境条件，如潮间带。

（5）合理选用施工装备。

（6）安全、环保、技术及经济投资费用最优的原则。

对于围堤式人工岛一般还要考虑钢结构的拆除、混凝土梁（或砼）、桩等的拆除工程量，以及与此相关的辅助工程。

总的来说，对于人工岛的弃置处理，国内起步较晚，仅在渤海拆除过小型简易人工岛，缺乏对大型复杂人工岛和在深水进行弃置处理的经验，还没有形成一套成熟的做法，技术研究和装备都相对不足。为做好人工岛的弃置工作，在弃置实施过程中：

一是要做好对弃置方案的合理选择。海上油气设施弃置处置有不同的方案和方法,方案的选取需要进行技术上、经济上和社会影响等诸多方面的综合考虑。弃置方案的选取与其所处的海洋环境密不可分。井口的堵塞和废弃、管线的弃置、上部设施的拆除等,都需要经过严密的、科学的、合理的流程和手段来实施。是否需要清洗管线,是否需要切割下部设施等,也都应在前期的环境影响报告书中有所体现。如果海洋平台和管线弃置方案选择得不科学、不合理,都将对海洋环境造成污染。因此,弃置方案的相关技术要综合考虑环境的可行性、技术经济的可行性,弃置方案本身的安全性和可靠性,与此同时,弃置必须要遵守的法律法规和社会等因素的制约,只有综合关注以上问题后,此技术方案才可行。

二是要保证弃置人工岛的科学再利用。废弃人工岛及上部设施拆除成本高,为减少拆除运输的工作量,降低废弃工程费用,应尽量加强对废弃设备设施和人工岛的重新利用。对于废弃拆除的上部设备设施可以考虑就近利旧使用;对于废弃人工岛,可以改造成人工岛礁,以让鱼类栖息或构造成岛屿用作旅游、航道标识。人工岛礁有以下优点:一是吸附漂浮物及各种藻类,处理悬浮的养分,净化海水、改善水质;二是人工鱼礁建设对增加鱼卵、仔稚鱼数量效果非常明显,有效改善渔业资源枯竭的问题,而且也可以作为观光的景点。此外,对于部分争议海域废弃人工岛,可以考虑改造作为军事基地加以利用,对于维护我国主权完整,发展海洋战略,保护领海内资源开发,起到举足轻重的作用。

参 考 文 献

[1]李雪飞,张锡斌,任登龙,等.浅议海上油气生产设施弃置需要关注的问题[J].海洋开发与管理,2015(4):8-11.

[2]郑西来,文世鹏,高孟春,等.海上退役石油平台处置技术体系初步框架[J].科技论坛,2012(6):12.

[3]郑亚男.海上退役采油平台造礁技术构建与示范研究[D].青岛:中国海洋大学,2013.